JN115480

マイニングや高セキュリティ通信を体験

ラズパイで作る ブロックチェーン 暗号コンピュータ

佐藤 聖 他著

CQ出版社

はじめに

　世界ではブロックチェーンが実用段階に入りつつあります．ブームとなった数年前はブロックチェーンの黎明期で，仮想通貨の取り引きやスマートコントラクトなどといった実証実験がたくさん行われていました．幻滅期である現在は，世の中のニュースを見ると仮想通貨取引の規制強化，仮想通貨の値下がりなどで，盛り上がりに欠けるように感じるかもしれません．

　しかし，サウジアラビアとアラブ首長国連邦(UAE)の6商業銀行がディジタル通貨プロジェクト(Aber)を起こしたり，タイのサムアイ商業銀行とリプル社が提携して国際送金アプリが開発されたりなど，新しい動きもあります．英国ではブレグジットに備え，金融各社の独自ディジタル通貨発行に向けて，英国の規制当局からEMIライセンスを取得するニュースも話題になりました．2020年に入ってからは，Facebook，百度，アリババのブロックチェーン活用も始まりました．

　世界中で中央銀行発行ディジタル通貨(CBDC：Central Bank Digital Currency)が議論され，新しい情報技術に関する調査報告書が公表されています．さらに進んでいる取り組みとして，スウェーデン中央銀行は，アクセンチュアと共同でディジタル通貨(eクローナ)の試験運用基盤を構築する契約をしました．ユニセフは仮想通貨ファンドの設立，欧州中央銀行とEU諸国ではタスクフォースの設立，欧州中央銀行はCBDCの発効を検討し始めるなど，着々とブロックチェーン活用へ向けて動き出しています．

このような段階ですから，新しいビジネスを立ち上げるのに良いタイミングだと思います．ブロックチェーンが飛躍的に成長する時代に備えて，そのしくみを学んでエンジニアを目指しませんか．これからはブロックチェーンのエキスパートが活躍する時代になるはずです．本書が皆さんの参考になれば幸いです．

2020年1月15日　佐藤 聖

本書は月刊『Interface』2018年8月号の特集「IoT新技術 なるほどブロックチェーン」の内容を再編集・加筆してまとめたものです．

目　　次

本書は月刊『Interface』2018年8月号の特集「IoT新技術 なるほど
ブロックチェーン」の内容を再編集・加筆してまとめたものです.

第3章　台帳のデータ構造	47

佐藤 聖

Appendix 1　アニメーションでメカニズムを可視化する	72

佐藤 聖

第3部　ラズパイIoT×ブロックチェーン実験研究

Appendix 1　ブロックチェーンIoT端末で広がる世界　138

土屋 健

第1章　シンプルMyブロックチェーン・ネットワークを作る
143

土屋 健

第2章　実験研究…つかみにくい分散ネットワーク的
　　　　ふるまいの確認
169

土屋 健

第3章　ラズパイ端末でブロックチェーン的IoTを実感する
　　　　　　　　　　　　　　　　　　　　　　　191

土屋 健

Appendix 2　プログラムの改良…ブロック・データが
　　　　　　　　　　　　　　失われないようにする　216

土屋 健

こんなところで活躍中

■ 世界で活躍している

スマート・コントラクトと呼ばれる自動契約技術によって大量の取り引きデータを低コストで処理できるようになりました．この技術革新によって以下のことが大きく変わろうとしています．

● 世界の金融

決済，為替，送金，貯蓄，証券取引，ソーシャル・バンキング，移民・新興国・イスラムなど向けの送金，エクイティ取引，クラウド・ファンディング，資産管理，カーボン・トレーディングなどです．

● 流通

サプライ・チェーン管理，トラッキング管理，マーケット・プレイス，金の保管，ダイヤモンドの所有権，ディジタル・アセット管理，ライド・シェアリングなどに利用されています．

● 販売

ギフト・カード交換，プリペイド・カード，リワード・トークン，ディジタル ID，アート作品やビンテージ・ワイン，美術品の所有権および真贋証明，薬品の真贋証明などに利用されています．

これ以外に，公共，医療，エネルギー，カーボン・クレジット，コミュニケーション，コンテンツ，ストレージ，IoT などの分野でブロックチェーンが活用されています．

2022年代の世界市場規模は現在の4倍以上，1.2兆円弱になります．年1.6〜1.8倍の速度で成長するとの予測ですので，注目すべきは市場規模よりも成長速度かもしれません．また，ブロックチェーン業界が影響をおよぼす市場規模は1000倍以上とも言われており，過去の技術革新と比べても大きなものです．

● 主戦場は米国，西欧

　ブロックチェーン業界のマス市場は米国と西欧にあります．もともと，この2つの地域ではGDP規模が大きく，複数の国や州が集まっているので膨大な取引数があり，ブロックチェーン技術から恩恵を受けやすいです．大企業がさまざまな業界を巻き込んで実証が展開されています．日本でも研究発表や実証が徐々に活性化しており，世界各国にあるコンソーシアムに参加していくものと思われます．今後，ブロックチェーン市場は大きく拡大していくことが予想されます．

　IT分野のコンサルティング会社の分析によれば，ブロックチェーン市場は米国と西欧で全体の6割以上を占めています．特に金融業界では，新規成長市場の開拓も難しく，今以上の成長が望めないことから，コスト削減に力がそそがれています．

■ 世界の利用例

　ブロックチェーン技術に期待するものは世界各国でほぼ同じです．

- 権利証明行為の非中央集権化
- オープン，高効率，高信頼なサプライ・チェーン
- 高効率なシェアリングによって遊休資産ゼロ
- プロセスや取り引きの全自動化/効率化
- 価値流通・ポイント化プラットフォームなどの実現

　国や地域によっては，仮想通貨が禁止されていても，ブロック

チェーン技術は積極的に利用しようとしています．社会的なミッションにもブロックチェーン技術が活用されています．

● 1…行動への対価

　英国のリサイクル・トゥ・コイン（現在はホームページなし）は，スマホの公式アプリでペットボトルやガラス瓶，アルミ缶など，不要となったリサイクル資源を最寄りの提携店に持ち込むと，報酬としてビットコインやイーサリアムで報酬を受け取れるサービスを行っています．

　カナダの世界規模リサイクル・ベンチャPlastic Bank（https://www.plasticbank.com）は，発展途上国のプラスチック廃棄物を削減するプロジェクトにブロックチェーン技術を活用しています．リサイクル・センタにプラスチックのゴミを持ってきた人たちにディジタル・トークンで報酬を払います．プラスチックは企業に買い取られ，新しい消費財にリサイクルされます．日本のようなリサイクルの仕組みがない国でリサイクルのサプライ・チェーン管理に活用されています．

● 2…国際送金

　国連関連の組織では，巨額の国際送金が行われており，送金コストや決済速度の遅さが課題とされていました．現在では各組織に独自の仮想通貨があり，銀行に頼らない送金システムを確立しています．送りたい金額を迅速に送金でき，送金コストの削減にも成功しています．ブロックチェーン技術を使うことで台帳としての機能だけでなく，お金，情報や物を管理したり，スマート・コントラクトによってアプリケーションを開発したりなどといった活用が考えられます．

● 3…決済

仮想通貨をより安全に扱う機能やトランザクション機能も備えるブロックチェーン・スマホ・アプリには，以下があります．

- ● FINNEY（シリンラボ）
- ● Galaxy S10（サムスン電子）
- ● Exodus 1s（HTC）

いずれも仮想ウォレット，dAppアプリなどが実行できます．

● 4…認証

自動車のディジタル・キー，ホーム・オートメーションのスマート・ドア・ロックなどの認証装置としても使われるようです．

● 5…オンライン・ゲーム

オンライン・ゲームでは，マルチプレーヤ・オンライン・ロールプレイング・ゲーム（MORPG），マッシブリ・マルチプレーヤ・オンライン・ロールプレイング・ゲーム（MMORPG）などは，複数プレーヤ参加型が主流で，従来のゲームと比べて自由度が高いのが人気になっています．

ゲームのジャンルはさまざまです．各プレーヤはゲーム内でパーティを作って試練を乗り越え，目的を達成します．プレーヤ1000人対1000人のような大規模バトルのイベントもあり得ます．

基本的に敵との戦闘などでアイテムやコインなどを獲得します．コインは通貨のように使うことができ，アイテムやサービスを購入できます．アイテムやコインが獲得できなければ課金して購入したり，ガチャと呼ばれる特別な希少アイテムを手に入れたりする仕組み（自動販売機）があります．そうして手に入れたアイテムやコインは，他のプレーヤと交換することもできます．アイテムの希少性や強さによって，転売価格が高騰することがあります．

このようにゲームでも現実社会と同様の取り引きが行われ，過

去には詐欺，改ざん，不正アクセスなどのトラブルが起きていました．トラブルが起きるとゲームの主催者にとって，プレーヤと収入の減少につながるので好ましくありません．

こうした取り引きの公正を期すためにブロックチェーン技術を使ったゲームも登場しています．取り引きの公平性や透明性を担保するため，台帳を公開しているケースもあります．一般的にはゲームの一部にブロックチェーンを用いています．プレーヤのチート検出や不正取引検出などが簡単に行えるようになり，運営会社やプレーヤの双方にとってゲームやガチャの透明性や信頼性を担保する機能も担います．

■ IoTと相性の良い理由

まだまだブロックチェーンを活用したIoTデバイスが普及していないため，想像しにくいかもしれませんが，ブロックチェーンはIoTやAIとの相性が良いです．今後，なりすまし防止や改ざん検出などが必要なセキュリティ分野でサーバレスのサービスがたくさん登場してくれば，エッジAIのようにブロックチェーンに対応したIoTデバイスも増えてくるのではないでしょうか．

● ひとまずデータを録り溜めておける

IoTでデータを集めるときには，一般的にたくさんのIoT端末を使って同じセンサで大量のデータを集めたり，異なるセンサを使って多角的にデータを集めたりします．

IoTでデータを大量に集めるときに重要になるのは，「誰が，どこで，いつ」といった情報です．このようにデータが多次元になると，データを利用しやすいようにデータ構造を設計することがあります．最初からどんなデータ構造が有効なのかが分からないこともあります．とりあえずブロックチェーンで時系列データとして記録しておき，後で最適な構造に変えることもできます．

● 1つのIoT端末が故障してもデータは残る

　特にインダストリアルIoTでは，集中管理型データベースの代わりにブロックチェーンにデータを保存するという使い方があります．それぞれのIoT端末から集められるデータを安全かつ安価に保存できます．スマート・コントラクト（契約を自動実行するプロトコル）を使ってデータをブロックチェーンに接続します．流通分野での在庫管理や配送管理，鮮魚などの流通過程の温度管理などにも同じ仕組みが利用されています．

　IoT端末は故障することもあれば，通信状況が悪くうまくデータが送信できないこともあるかもしれません．こうした環境下では，ブロックチェーンを使って近くの端末どうしでデータを記録しておくとよいと思います．

■ 覚えて欲しい言葉…ビジネスに応用される分散型アプリケーションdApps

　非中央集権の分散型アプリケーションdApps（Decentralized Applicationsの略：DApps，Dappsなど）は，仮想通貨業界では最も注目されるバズ・ワードです．アプリケーションをスマート・コントラクトの仕組みを使って作ります．

● 特に金融，流通，通販，eコマースで

　dAppsはスマート・コントラクトでアプリケーションが作れるため，一般的な業務フローに応用できます．dAppsはビットコイン技術を使ってアプリケーションを開発します．基本的にはほとんどのビジネスで応用可能ですが，特に金融，流通，通販，eコマースなどにおいての利用が活発に行われています．

　ビットコイン系のアルトコインだけでなく，イーサリアム・プラットフォームなら，静的に型付けされたコントラクト指向の高レベル言語のSolidity[1]でスマート・コントラクト開発を行いま

す．以前はGO言語で実行可能なバイナリにスマート・コントラクトを実装することもできましたが，セキュリティなどがテスト済みであるスマート・コントラクトのテンプレートを使うことで，より簡単に開発できるようになりました．

● ビジネスで行われる契約にも適用可能

dAppsは，売り手や買い手，貸し手や借り手などの間で発生する取り引き，インターネットや社内ネットワークを通じて行われるトランザクション処理に向いています．スマート・コントラクトを使って契約を自動化できるので，ビジネスで行われる契約にも適用可能です．

B to B，B to Cのような対外的な取り引きだけでなく，社内の部署間で交わされる定型的な手続きなどもスマート・コントラクトにできます．ビジネスでは無数の定型的な契約作業や手続き処理が大量に発生しているため複雑に感じますが，1つ1つを見ると，取り引きの具体的な内容，成果物や報酬などのルールがあるはずです．ルールにのっとって記録したり，検証したりする作業をスマート・コントラクトとしてプログラミングすれば，ブロックチェーン・アプリケーションを作ることができます．

dAppsの定義はさまざまですが，最も有名なのがベンチャ・キャピタルのデビッド・ジョンストンなどによる定義[2]です．以下に解説します．

● dAppsの定義

1. アプリケーションは完全にオープンソースである必要があり，自律的に動作する必要があります．トークンの大部分を制御するエンティティはありません．アプリケーションは，提案された改善と市場のフィードバックに応じてプロトコルを適合させることができますが，全ての変更はユーザのコンセン

サスによって決定する必要があります.

2. 中央障害点を回避するために，アプリケーションのデータと操作の記録は，公開された分散型ブロックチェーンに暗号で保存する必要があります.

3. アプリケーションは，アプリケーションへのアクセスに必要な暗号化トークン（ビットコインまたはそのシステムにネイティブなトークン）を使用する必要があり，マイナー（採掘者）からの価値の貢献は，アプリケーションのトークンで報われる必要があります.

4. アプリケーションは，値ノードがアプリケーションに寄与していることの証明として機能する標準の暗号アルゴリズムに従ってトークンを生成する必要があります（ビットコインはProof of Workアルゴリズムを使用します）.

● **dApps の分類**

▶**タイプI**

独自のブロックチェーンがあります．ビットコインはタイプIの分散アプリケーションの最も有名な例です．その他にもライトコインとアルトコインが使われることがあります.

▶**タイプII**

タイプIの分散アプリケーションのブロックチェーンを使用します．タイプIIの分散アプリケーションはプロトコルであり，その機能に必要なトークンを持っています．Omniプロトコルは，タイプIIの分散アプリケーションの例です.

▶**タイプIII**

タイプII分散アプリケーションのプロトコルを使用します．タイプIIIの分散アプリケーションはプロトコルであり，その機能に必要なトークンを持っています．例えば，Omniプロトコルを使って分散ファイル・ストレージを取得するために使用できる

「セーフコイン」を発行する SAFE ネットワークは，タイプ III の
分散アプリケーションの例です.

〈佐藤 聖〉

◆参考・引用＊文献◆

(1) The Solidity Contract-Oriented Programming Language.
  https://github.com/ethereum/solidity
(2) ＊The General Theory of Decentralized Applications, Dapps
  https://github.com/DavidJohnstonCEO/DecentralizedApplications

第1部

IoT時代の新常識 ブロックチェーン入門

第1章

広がる世界

■ 暗号通貨じゃないブロックチェーンのポテンシャル

ブロックチェーン(Blockchain)は，分散型台帳技術，分散型ネットワーク技術と呼ばれています．ブロックチェーンという言葉を初めて耳にする方や，言葉は耳にしたことがあるけどよく知らないという方が多いと思います．技術的な裏付けは第2章以降で行いますが，特徴を以下に示します．

1，センサや制御，取引のデータを時系列に保存できる
2，中心となるサーバがなくてもデータを共有できる(図1)

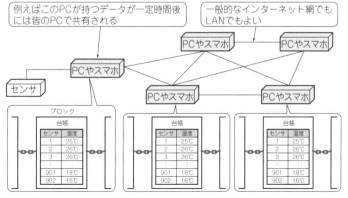

図1　ブロックチェーンに参加している端末は常に同一データを共有できる

3，データをいつでも追跡・取得できる

　4，相手にデータを提供してもらったら対価を払える

　まだピンときていない方が多数だと思います．たったこれだけ
のことですが，IoTなどの組み込み機器においても思いもよらな
かった世界が広がります．

　例えば，暗号通貨や決済のような金融分野への利用ももちろん
ですが，それ以外に，次のようなIoTや人工知能と組み合わせた
応用が考えられます．

　食品管理，農業支援，契約書，証明書，履歴書管理，課税，特
　許申請，登記簿，医療記録，議事録，議決権行使の記録，分
　散型インターネットのプログラム[1]など．

　ブロックチェーンは記録することだけに特化した技術ではなく，
分散型インターネットのプログラムのような分野への発展も期待
できます．

　暗号通貨からはじまった技術であるブロックチェーンですが，
これから新しい時代のネットワーク・インフラのようになると期
待されています（図2）．

■ ブロックチェーンで広がるIoTの世界

● 世界1…新しいIoT的データ収集の仕組みとして使える

　製作した装置のテストのために，多数のデータを集める必要が
生じたとしましょう．例えば次のようなことが考えられます．

　1，万人に合うヘルメットを作りたいがサンプルが足りない

　2，猫や牛の心拍データが欲しい

　3，人工知能の学習用データを集めたい

　人の頭の形はともかく，猫や牛の心拍データを集めるなんて，
飼育していない限り不可能です．同一ブロックチェーン上でデー
タ提供を受けつつ，それの対価をリアルタイムに支払えるように
なると，データを提供してもらいやすくなるかもしれません．

（a）ブロックチェーン1.0…通貨として利用

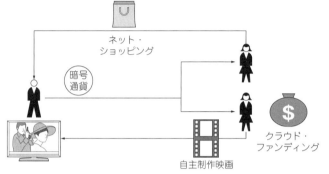

（b）ブロックチェーン2.0…買い物や取引などに利用

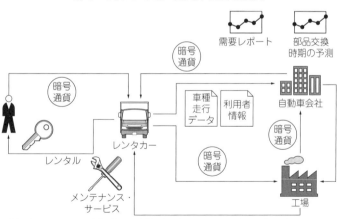

（c）ブロックチェーン3.0…新しい時代のネットワーク・サービスのプラットフォームに利用（ここではレンタカーの例）

図2　暗号通貨からはじまったブロックチェーンは新しい時代のネットワーク・インフラになると期待されている

人工知能で学習データからモデルを構築するには，ラベル付けされたデータ・セットがあるとより精度が高まります．データ・セットの準備はコンピュータ任せにできないことも多々あり，数百万件から数万件のデータ・セットを作ること自体に数カ月から半年を要します．データ・セットを準備するにはマシン・パワーだけでなく，マン・パワーも必要です．

　データ収集方法の1つにオープン・データの利用がありましたが，これには欠点がありました．データの提供者にインセンティブが働くような仕組みがなかったためです．そのため，次のような欠点がありました．

　（ア）リアルタイムなデータではない

　（イ）目的に合ったデータが得られない

　（ア）については，ニュース・サイトやツイートなどから収集する方法を紹介したことがあります注1 が，リアルタイム・データはそんなに都合良く公開されていません．

　（イ）については，これまでのデータはデータ・セットの形で供給されていたので，データ・セットの目的に沿った利用しかできず，異なる利用目的では，データの範囲，粒度，件数，正確性などが異なり，非常に使いにくいです．

　そこでIoT端末を用いて，リアルタイム性の高い膨大なデータを取引する方法が，データ・マーケット・プレイス注2で考え出されました．この仕組みなら利用者はデータに対して暗号通貨などで提供者に報酬を支払うので，よりたくさんの情報がリアルタイムに提供されるようになるでしょう．身の回りから大量のデータ

注1：Interface誌2017年1月号特集「金融ビッグデータ AI解析に挑戦」．
注2：例えば米国の「Factual」は，主に位置情報のデータ・セットを提供するマーケット・プレイスである．飲食店一覧や，飲食店チェーンの店舗一覧など，世界各国の6000万の地域情報や65万の製品情報などのデータを提供し，地図アプリ，チェックイン系アプリのベンダなどが活用しているとされる（総務省ホームページ）．

が発生していますから，誰もがデータ・マーケット・プレイスで
データを売り買いできるようになるでしょう．

▶こんなデータが手に入りそう

　データとしては自動車の走行情報や道路状況，スマート・ウォ
ッチの活動量や心拍数の情報(図3)，家電製品の利用情報，ソー
ラ・パネルの発電記録や発電効率の情報，医療記録や市販薬の接
種記録，金融取引の売買記録，NFCによる電子マネー取引などが
考えられます．これらのデータをブロックチェーンによって匿名
で販売することが日常的に行われるかもしれません．

　将来的にマーケット・プレイスを利用して，例えばロック・ク
ライミングをしたときの活動量，心拍数や血中酸素量などのデー
タをリアルタイムに収集すれば，「特徴あるデータ」として価値が
高いかもしれません．ロック・クライミング・サークルに参加す
るメンバ全員がそうした情報を収集して，データを販売できるよ
うになるかもしれません．販売益をサークル運営費に充てるなど
のデータ・エコノミがまもなく実現されるかもしれません．

▶畑仕事や通勤時にもデータを集められる

　ロック・クライミング以外にも日常的な活動系・医療系として
通勤や通学，乳児，家畜，ペットなど，食品系として畑，スーパ

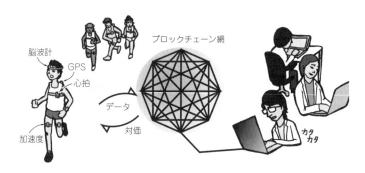

図3　データを提供すると直接的に対価をもらうことも可能

ーマーケット，冷蔵庫，レストランなどからもデータ収集が可能かもしれません．

　生活や仕事そのものの活動もデータとしての利用価値が発見されるかもしれません．すると現在の暗号通貨取引よりも活発にデータ取引が行われるようになるかもしれません．多様なデータを手軽に利用できるようになれば人工知能の応用分野を押し広げることになるはずです．

▶多様な国や企業が集まってデータを作ることも

　データ・エコノミの課題として市場参加者が増えないと価値形成が偏ったものになり，データの価値が正当に評価されなくなります．多様な価値観を持つ国，組織，企業，個人が集まることで，これまでは国や世界のトップ企業でしか収集できなかったような情報を手軽に入手したり，分析したりできるようになると思います．今後，ますますデータの価値が高まっていくのではないかと思います．

● 世界2…データを時系列で記録できる

　ブロックチェーンでデータを格納していくと，どのIoT端末から「いつ，どこから」データを収集したかがブロックに記録されて，ブロックに追加されていくので，時系列データとして扱えます（図4）．

　これからのIoT端末は，自動データ収集に使われたりすると思います．IoT端末が時計を持っていなくても，データをブロックチェーンに書き込んだ時点の時刻は残ります．なお，書き込まれた時刻は物理時間ではなく前ブロックから現ブロックまでの相対時間が記録されます．これによって国や地域の時刻や時差を意識せずに済み，時刻の一元管理が不要になっています．中央集権型データベースのように，サーバが時刻を一元管理して同期させる仕組みがなくても，各ブロックの前後関係を表すことができます．

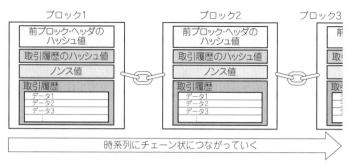

図4　ブロックチェーンはデータを時系列で記録できる

● 世界3…記録したデータを手元に残しつつ共有できる

今後10年程度で，データ流通量の爆発的増加によって44ゼタ・バイト（ゼタは10^{21}）に迫るデータが毎年利用されるようになるはずです．コンピュータの性能も想像できないほど向上するかもしれません．膨大なデータを扱えるようになると，次に必要になるのはデータを管理することです．データをただ蓄積しても利用されなければ価値がありません．

データの記録はマイニングによって分散管理台帳（ブロックチェーン）に誰でも追加できます．データ管理はブロックチェーン・ネットワークのノードにより改ざんなどの不正を検出することが容易になります．膨大なデータの中から必要な情報だけを取り出すにはブロックチェーンをさかのぼれば見つけることができます．

膨大なデータを全てブロックチェーンに記録するのは効率が悪いです．こまめにデータのタグ（所在や概要，キーワード）だけを記録しておき，データそのものは個々のPCに保存するといった管理方法もあるかと思います．

インターネットで利用されるデータ量は激増しています．10数年後のモバイル端末は1台で現代のデータ・センタ1つ分のデー

タを利用して処理しているかもしれません．今起ころうとしている変化は，データの増加やコンピュータの処理性能の向上だけではありません．モバイル端末の無線通信によるデータ転送速度も劇的に速くなりそうです．10年後にモバイル通信で使われるデータ転送速度は人間の脳内で行き交うパルスと同じかそれ以上の速度に達する見込みです．そのような時代に向けてブロックチェーン技術の習得が必要なときかもしれません．

● 世界4…改ざんやねつ造されていないデータが手に入る

　IoT端末は企業から一般家庭まで普及が進んでいますので，あらゆる分野からデータを収集できます．ブロックチェーンで格納されているデータは改ざんやねつ造がないかを検証することが容易です（図5）．

　例えば，マラソン大会を考えます．参加者全員がスマホを装着したとします．5km，10km，15km…40kmとゲートを通過するごとに，互いの記録を登録/承認/書き込みしておけば，後から主

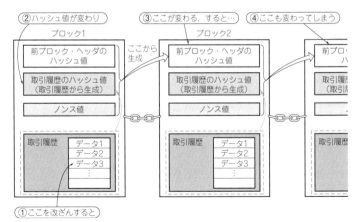

図5　後ろの全てのブロック内のデータが代わってしまうから中身の改ざんは難しい

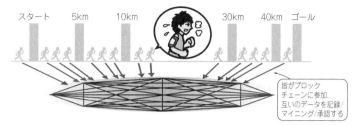

図6　データを持ち合うことで改ざんを検出できるので安心

催者や第3者に順位やタイムを書き換えられる心配がありません
（図6）.

● 世界5…画像や音声だって記録できる

　IoTの普及によってデータの自動収集が一般化していくと期待
が持てます. ブロックチェーンは設計によっては, 取引データだ
けでなく, テキスト, 画像, 音声も記録できます. データを機械
的に蓄積でき, 流通可能になるとビッグ・データとしての価値が
生まれます.

　例えば, 防犯カメラの映像を10分ごとにブロックチェーンに
記録することで, 映像証拠の信ぴょう性を上げることができます
（図7）. また, 画像データのサイズが大きく, フレーム・レート
も高いのであれば, 画像から生成したハッシュ値だけをブロック
チェーン上に記録し, 画像は手元のハード・ディスクに保存して
おくという手もあります.

　インターネット接続できる防犯カメラならばハッキングされて
画像の差し替えも起こりえます. 昨年も防犯カメラがハッキング
されてDDoS攻撃に利用されるなど話題になり, 必ずしもセキュ
リティ攻撃には十分対応できないこともあります. 画像を録画し
た時点でハッシュ値を算出して署名を付けてブロックチェーンに
記録することで画像の改ざん検知も容易になります.

監視カメラ

HDD

図7　証拠映像の信ぴょう性も高められる

● 世界6…活動→成果の関係を可視化できる

　ブロックチェーンはトランザクションを記録できるため，原因と結果を記録するのに役立ちます．仕事では成果(結果)に対してどんな活動(原因)をしたのかという関係を可視化することに応用できそうです．

　仕事は非常に大小さまざまな規模の活動があり複雑です．特に日本企業は欧米企業のようにジョブ・ディスクリプション(職務記述書)を作成しないことが多いので，経験則で必要な仕事を見つけて組み立てることがよくあります．経験則に頼ると仕事が属人化しやすいので，成果を得るためにどんな活動を行ったのかが第3者には分かりにくいのではないでしょうか．

　ブロックチェーンに仕事のインプット，活動，アウトプットを，IoTを使って，例えば活動量計やPCから収集し，トランザクションを作成することで記録できます(**図8**)．ブロックはマイニングされると時系列でブロックチェーンに追加されますので，過去を振り返るのも簡単です．業務全体でなくても業務日報や営業日報，BIツールで利用するデータとして活用できると思います．

　最近流行っているRPA(ロボットによる業務の自動化)の仕組み作りにも業務の洗い出しが必要になるので，ブロックチェーンを利用すると自動的に仕事を記録してくれて，ビジネス環境の変化に迅速に対応できるようになるかもしれません．

　こうして作成されたブロックチェーンは企業のベンチマークと

図8　記録を自動的にちゃんととれる

して利用したり，IR活動の情報としたりできそうです．もしベンチマークが業界標準よりもよい成果が出れば，安い金利で融資するようなサービスも開発でき，働き方改革がより加速されると想像します．

● 世界7…商品の取引や流通の履歴を残せる

　商品の価値や流通履歴を記録できます．商品を購入する場合，新品ではなく中古品でもよいことがあります．例えば土地，家，マンション，自動車，バイク，自転車，PC，スマホ，美術品，古書，骨董品などがあり，レンタカー，レンタサイクルなどのシェア・サービスにも活用できます．

　中古商品の流通には，「いつ誰が購入し，どのくらいの期間利用し，どのくらいの期間お店に置かれ，次の人にいくらで売れ，次の人がどのくらい利用した」などの情報が求められます．インターネット上でマイニングされてブロックチェーンに記録され，誰でもブロックチェーンに含まれる情報を閲覧できれば，商品価格が中古市場全体のコンセンサスで形成されるようになるかもしれません．

これが実現すると盗難品の発見も容易になります．例えば最終の所有者が中古販売店で，直前の所有者が別の販売店だった場合，直接取引していないときにはブロックチェーンが改ざんされたか，盗品だった可能性があります．ブロックチェーンは分散型台帳なのでデータの検証が簡単です．複数のフル・ノード（ブロックチェーン全体を保持している）に問い合わせて該当ブロックのハッシュ値が一致しているかを確認すれば，改ざんの有無が分かります．

　中古商品をブロックチェーンで管理する手法はネット・オークションやECサイトの中古販売にも応用が利くので，意外と早く登場するかもしれません．また商品を作るメーカは商品の利用情報の把握にもつながるので，商品の製造段階からブロックチェーンを使った管理が進むかもしれません．

● 世界8…手持ちマシンのリソースを貸し借りできる

　ブロックチェーン技術の活用は分散管理台帳だけにとどまりません．アプリケーション・プラットフォームとしても利用できます．

　イーサリアム注3やネムなら，スマート・コントラクトを開発することで簡単に決済アプリケーションを構築できます．また，IOTA財団（https://iota.org/）では，ブロックチェーンを活用して分散型データ市場の実現を目指しています．ブロックチェーン技術によるマシン・エコノミやデータ・エコノミの市場経済が形成されつつあります．

　マシン・エコノミは，提供者のストレージ，CPU/GPU処理能力，センサ装置などをブロックチェーンを通じて利用者に提供し，その対価として暗号通貨で報酬を受け取るような経済活動です．ブロックチェーンを活用すると誰でも利用者であり提供者にもなり得ます．似たようなサービスはパブリック・クラウドで実現さ

注3：暗号通貨ではビットコインに次ぐ．用途は暗号通貨だけに限らない．

れていますが，利用者が提供者になり得ることが画期的であり，エコノミ市場の形成に寄与します．結果として市場参加者が増えるので非常に大きな市場に成長すると想像できます．

▶ IoT端末は増加の一途だから使わないともったいない

上記を裏付ける統計情報の1つとして，多様な統計情報を提供している Statista 社 の 予測（https://www.statista.com/topics/2637/internet-of-things/）があります．2018年にIoT端末が231.4億台なのが，2020年に307.3億台，2025年に754.4億台に拡大されます．米国国内でのIoT端末の売り上げ予測は2018年に39.2億ドル，2020年に53.5億ドル，2025年に112.6億ドルに達すると予測されています．これは米国国内に絞った統計なので全世界規模ならば数倍の規模に達するかもしれません．多くのIoT端末がマシン・エコノミのマーケット・プレイスに参加すると期待が持てます．

将来的に誰でもマシン・エコノミに参加することが日常化するかもしれません．PCやスマホ，タブレット，スマート・ウォッチ，テレビ，冷蔵庫など身の回りにあるコンピュータや家電製品がマシン・エコノミに参加するようになれば，処理能力やセンサ・データをインターネットを通じて自動販売できるようになるでしょう．使い方によってはクラウド・コンピューティングよりも安価で柔軟性の高いサービスになるかもしれません．また中小企業ではPCやスマホの余剰処理能力を有効活用することでサーバが不要になるかもしれません．

▶ セキュリティがますます重要になる

一方で，誰でも自分のPCの処理能力を利用できるようにするにはセキュリティ対策が重要です．自身のデータを保護すると同時に，マシン・エコノミを通じて利用している人のデータの保護も必要だからです．セキュリティ対策ソフトウェアもマシン・エコノミに対応した製品が開発されるでしょう．

*   *   *

　暗号通貨以外の活用方法はLinux FoundationのHyperLedgerプロジェクト(https://www.hyperledger.org/)に代表されるビジネス・ユースのブロックチェーン技術開発プロジェクトが立ち上がっています.

● 世界9…データ・サーバが不要になる

　将来的にはオフィスで利用されるサーバがなくなり, ブロックチェーン技術を活用したアプリケーション・プラットフォームが業務で利用しているPC, スマホやタブレット上で実装されるかもしれません. 例えばWindows OS自体がブロックチェーンに対応すれば, サーバがなくてもデータ共有が行えるようになるかもしれません. 理由は中央管理を行うサーバがなくても, データ更新の際に更新順序の前後関係をブロックチェーンに記録できるからです. また, ファイルの更新状態をある時点に戻したくなったときにも, ブロックチェーンのブロックをさかのぼっていくことで, 更新前のファイルの状態を再現することもできます.

● 世界10…人生のすべてを記録できる

　ブロックチェーンのすごいところは, データそのものを記録することもできるのですが, データの所在だけを記録しておき, 後から追跡できるところです. しかも証拠保全が必要なデータかつ容量が大きいものは, ハッシュ値だけをブロックチェーン上に記録しておくという手もあると述べました.

　これによりIoTやIoB(Internet of Bodies)などの端末を活用して, 日々の活動記録, 食事内容, 医療記録, 写真や動画, 地図情報, どんな勉強をして, 誰に会ったかなどを詳細に記録することが簡単になる時代もそう遠くはないと思います.

　従来はこれらの情報が個別に管理され, 人の記憶の中で関連付

けや意味付けがされてきました．ブロックチェーンを使って人間の記憶の代わりに情報の接着剤として利用することも可能なはずです．このような使い方をすることで歴史感も大きく変わるのではないでしょうか．

　例えば画期的な発明や科学の大発見がどのような行動や周囲の環境からもたらされたものかを知る手がかりになるかもしれません．一般的には科学的な研究は，「研究者の研究を真に理解できる人は世界に10人もいない」と言われる世界であるため，ブロックチェーンを使って一般の人が研究者の活動を疑似体験することで理解を深める手助けになるかもしれません．

　一方でこのような利用方法が良いか悪いか分かりません．果たして理解できることが多くなることが何かの役に立つのかどうかも不明です．ハッキングや，国や組織がデータを収集することを可能にしてしまうかもしれないからです．例えばランサムウェアにIoT端末やIoB端末が乗っ取られてしまい，偽の情報をブロックチェーンに記録し続ける可能性もあるので誰がどのようにして正しいブロックチェーンに戻すかといった問題も発生すると思います．

● **世界11…目的別に個人の行動を記録しておくと不正発見も簡単**
　例えばパスポートにもブロックチェーンが利用されるかもしれません．個人の行動履歴をブロックでつなげていくものです．パスポートの発行時にジェネシス・ブロック（最初のブロック）を生成し，発給時や利用時にブロックを追加していくことでユニークなブロックチェーンを作ることができます．入出国管理でブロックを追加して世界中で共有すれば分散管理台帳として機能し，不正の発見が容易になります．航空券の予約情報や搭乗情報などを加えると不法入国や偽造パスポートの発見も容易になります．

〈佐藤　聖〉

◆参考文献◆

(1) BLOCKSTACK.
   https://blockstack.org/blog/funding-the-new-
   decentralized-internet

第2章

基礎知識

■ 知っておかないとマズい理由

ブロックチェーンが話題になる理由は，画期的プラットフォームだからです．このプラットフォームでは，お金の取引だけでなく，あらゆるデータの収集や記録に利用できるため応用範囲が広く，あらゆるビジネスにも影響を与える可能性があります．

プラットフォームは一度普及すると発電事業や道路事業のように長期間インフラとして利用されます．そのため世界中でブロックチェーンによるプラットフォームが開発され，事実上の業界標準として認知されるよう，覇権をめぐって競争が繰り広げられています．

ブロックチェーンはいろんなネットワーク技術を積み重ねたものであるため（詳細は後述），暗号通貨ではないIoT的な使い方に注目！ といいながらも，暗号通貨という言葉が出てきてしまうのは説明上許してください．

■ 一番の特徴…ネットワークにサーバが要らない

● 従来の中央集権型

従来の中央集権型データベース（**図1**）は，Tポイント，Ponta，楽天ポイント，dポイントなどのポイント・システムや，Suicaなどの電子マネー決済システムに利用されています．こうしたシステムは運用会社が存在し，管理者によってデータが管理されています．

中央集権型データベースの代表例として，リレーショナル・デ

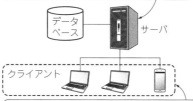

- データベースはサーバ側で一元管理
- トランザクションの承認やデータベースの変更はサーバが独占的に行う
- サーバはクライアントの要求に対して処理順番を決める

データベース　サーバ

クライアント

- クライアントはデータの照会，修正，追加をサーバに依頼するのみ
- サーバに依頼するためにはあらかじめデータベースを利用する権限を取得する

(a) これまでの中央集権型

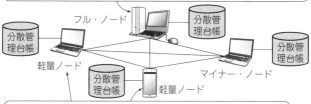

- 各ノードはそれぞれ自分の分散管理台帳を持ち，参照することができる
- トランザクションを分散管理台帳に追加するにはトランザクションを生成してブロックチェーン・ネットワークに自己申告する
- ブロックがマイニングされ，ネットワーク内で承認されたら，各ノードは自分の分散管理台帳にブロックを追加する

フル・ノード　分散管理台帳

分散管理台帳

軽量ノード　マイナー・ノード

分散管理台帳　軽量ノード

- 各ノードは対等な権限を持つ
- フル・ノード，マイナー・ノード，軽量ノードを自由に選択できる
- インターネットにつながっていれば，いつでも，だれでもビットコイン・ネットワークに参加できる

(b) これからの分散型

図1　これからのネットワークは「分散型」が注目

ータベースがあります．コンピュータでデータを「保存/編集/参照」するためには，Oralce，SQL Server，DB2，MySQL，PostgreSQLなどのデータベース管理ソフトウェアがあります．

データベースの台帳機能は基本的にテーブルが担っており，関係モデルを表現しています．データベースはデータを記録するだけでなく，加工や参照にも利用されます．

　中央集権型データベースは，サーバ障害や通信障害によってサービスが停止してしまうと，クライアントからデータ操作ができなくなります．一元的に管理するため障害が発生しても復旧まで短期間で対応されるよう，事前に障害対策が施されていることが一般的です．

● これから注目の分散型

　ブロックチェーンのデータはPeer to Peer（P2P）ネットワーク，分散型タイム・スタンプ・サーバによって自律的に管理されます．中央集権型データベースのように管理者がいないのも特徴です．

　ブロックチェーンでは，データの取引を認証するための組織や管理者が存在せず，自立的に管理する仕組みが備わっています．

　ブロックチェーンにはサーバが存在しないため，サーバ障害がなく，通信障害が発生したとしても一部のノード（マイナーのコンピュータ）にしか影響せず，全体に障害の影響が波及しません．逆に言うとインターネット上のどこかのネットワークに接続しているノードに障害が発生しても，常に全体として機能するよう考慮されています．

　万が一，ノードやネットワークに障害が発生しても，正常に稼働しているノードだけでトランザクションの作成，マイニング，トランザクションの認証などが進むので，データの取引全体が停止することがありません．

　インターネットによる通信は専用線や地上電話ほど安定していません．ハードウェア障害，トラフィック量の急増，サイバー攻撃などで通信できなくなることがよくあります．ブロックチェーンでは中央管理のデータベースよりも障害に対する高い耐性があ

ります.

■ 技術の階層

　ブロックチェーンは，分散型台帳技術，分散型ネットワーク技術と呼ばれ，用途や機能の違いでブロックチェーン1.0, 2.0, 3.0があります(表1). 各バージョンの定義は組織やプロジェクトで異なりますがおおよそ次の通りです.

- ブロックチェーン1.0…暗号通貨への応用で支払い機能に特化

表1　ブロックチェーンはいろんなネットワーク技術を組み合わせて実現する

バージョン	主な用途	主要アプリケーション	主要ブロックチェーン技術	機能
1.0	暗号通貨	ビットコインの取引をサポートするプラットフォーム	ブロックチェーン	暗号通貨のP2P取引
		アルトコインの取引をサポートするプラットフォーム	アルトチェーン	
2.0	デジタル情報取引	スマートコントラクトに代表されるデジタルアセット	カラードコイン	Open Assets Protocol（権利情報）など
			パーミッションチェーン	参加者の権限設定など
			サイドチェーン	異なるブロックチェーンを連携させる
			マイクロペイメント	トランザクションはブロックチェーン外で処理し、ブロックチェーンにコミットすることでパフォーマンスとコスト効果を得る
3.0	ブロックチェーンのプラットフォーム化やサービス化	ブロックチェーンサービス（BaaS）	上記を含む	ブロックチェーン上にアプリケーションを構築

- ブロックチェーン2.0…暗号通貨以外への決済用途等で利用される．契約の自動実行(スマート・コントラクト)機能(図2)など
- ブロックチェーン3.0…金融以外の分野でのIoTや人工知能と組み合わせた応用(ブロックチェーン2.0を含む)

暗号通貨だけでも1500種類以上あり，暗号通貨以外のブロッ

(a) 契約の定義…あらかじめ暗号通貨の入金があったら動画を配信するような契約をプログラムで定義する

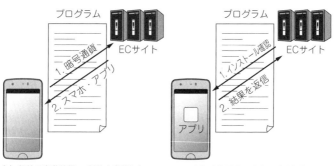

(b) 契約の自動執行…契約を定義したプログラムによって利用者からの入金をトリガにしてスマホ・アプリを自動的にスマホへ送信

(c) 実行結果の監査…契約が正しく実行されたか確認

図2　契約の自動実行機能(スマート・コントラクト機能)**をベースにすると簡単に安全なやりとりが可能になる**

クチェーンを活用したプラットフォームもあるので，バージョンによってコンセンサスを得ることが難しいと思います．

● 始めるならシンプル構造のブロックチェーン1.0から

　ブロックチェーン技術を理解するには，暗号通貨の仕組みを理解するのが早道です．ブロックチェーン1.0は一番シンプルな構造なので，初めてブロックチェーンを学習するときに最適です．

　ブロックチェーンは1つの技術ではなく，ネットワーク，データベース，セキュリティ，ハードウェアなどの技術を複合的に組み合わせた技術（**図3**）ですので，一見すると複雑に見えます．1つ1つの技術は従来からあるものなのでご存じかもしれません．今後もコンピュータ技術の進歩や新しいアーキテクチャの開発によってブロックチェーン技術は進化していくと思いますが，基本的な概念は変わらないと思います．

　自動車業界は早い時期からブロックチェーンの活用に取り組ん

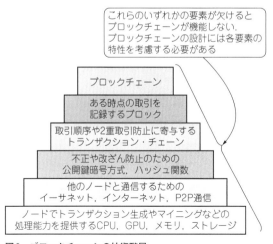

図3　ブロックチェーンの技術階層

でおり，日本では金融業界よりも活用方法の研究が進んでいると
思います．例えば自動車の管理や制御，充電システム，自動車部
品販売，中古自動車販売などにブロックチェーン技術を応用する
ような使い方です．自動車業界でブロックチェーン技術の活用が
始まれば他の業界でも同様のブロックチェーン・プラットフォー
ムが普及していくと感じています[1][2]．

■ ネットワークへの参加者

　ブロックチェーンの利用者はさまざまです（**図4**）．個人，ユー
ザ・グループ，一般企業，金融機関，中央銀行，政府機関，国際
機関，NPO団体など，国境を越えて多様な利用者があり得ます．

● その1：マイナー

▶センサの場合

　自作のブロックチェーンや，バージョン2.0/3.0のブロックチェ
ーン・プラットフォームでは，ラズベリー・パイがマイナー・ノ
ードとして利用できます．

　ASICやGPUなどを搭載していなくても，IoT端末でマイニン
グが可能になります．筆者としてもラズベリー・パイを利用して
センサ・データを取引するような実験も試してみたいと考えてい
ます．

▶ちなみに…通貨の場合

　取引は何かしらの方法で管理しなければ不正が横行して信頼で
きる取引が不可能になります．マイナーは取引を検証してブロッ
クに記録する重要な役割を果たしています．マイニングによって
生成された不正なトランザクションや暗号通貨の2重使用などを
防ぐ役割を担っています．

　通貨の場合はマイニングの専用工場があります．中国のマイニ
ング・ファームは以前からたくさんあるので有名でした．マイニ

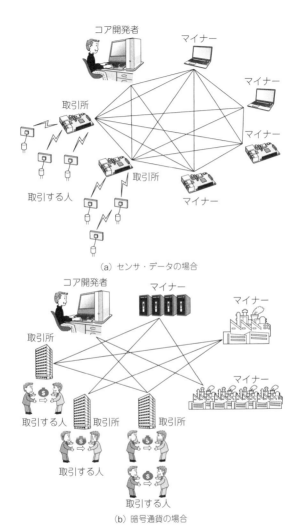

（a）センサ・データの場合

（b）暗号通貨の場合

図4　ブロックチェーンへの参加者にはいくつか種類がある

41

ング・ファームでは電力を暗号通貨に変換しますので，電力料金はもちろん，設置場所や冷却設備などが重要になります．少しでも費用を浮かせた方がもうけが大きくなるのでマイニング・ファームは寒い地域で土地の安い場所に作られることが多く，モンゴルやアイスランド，シベリアなども有名です．

● その2：データを取引する端末や人

▶センサ・データの場合

　ブロックチェーン2.0や3.0は「暗号通貨とデータ」を交換する取引です．例えばA点の気温と気圧を暗号通貨と取引できれば，自分で観測点を設けなくてもデータが手に入ります．

　ブロックチェーンを利用したデータ・マーケット・プレイスがなければ，自分で気象観測装置を設置して目的のデータを送信できるようにしなければなりません．またA点の観測が不要になったら気象観測装置を撤去する手間も発生します．

　さまざまな地点に気象観測装置があれば，新しい観測データ（気温や気圧）を欲しい人が暗号通貨と取引するトランザクションを生成して新規ブロックがマイニングされれば観測データが利用できるようになります．こうした取引が各ノードのブロックチェーンに記録されます．将来的には不特定多数の取引する人とデータ提供者の間で取引が行われるようになります．そうなると気温や気圧のデータを提供する人も，日照や降水量のデータを必要とするかもしれません．データ提供者もデータを買う側になり得ます．

▶ちなみに…通貨の場合

　ブロックチェーンを利用した取引では，人と人，人とIoT装置，スマホとIoT装置などインターネットにアクセスする人や装置との取引が考えられます．

　ブロックチェーン1.0のように暗号通貨では，送金や両替に取

引が行われます.

● その3：データの取引所

▶センサの場合

　センサ・データを取引しようとした場合，取引相手を簡単に見つけられないかもしれません．従来，データ取引市場はデータ・マーケット・プレイスの1つの形でしたが，不特定多数の人による取引ではなくビジネスとしてデータを売買して利益を得るための市場で，特定分野のデータに特化していることが普通でした.

　これに対してデータ市場はマーケット・プレイスの1つですが新しいビジネスの創出を目的とした利用が多くなるはずです．異分野のデータ提供者と利用者の間でデータ利用方法を自由に提案したり，異なるデータを組み合わせて新しい価値を創出したりするのに適しています．参加者はインターネット上だけではなく，異なるコミュニティによる共同プロジェクトやデータ分析などで役立つでしょう．こうした開かれたデータ市場では暗号通貨取引のように取引所を通じて異分野や異業種間の交流が活発になるはずで，ラズベリー・パイやPCなどの小型で汎用的なコンピュータの出番が飛躍的に増す可能性があります.

▶ちなみに…通貨の場合

　企業間取引のように相手が決まっている場合，送金先が特定できます．暗号通貨取引では送金相手やデータ提供者間では，あらかじめ相手を知らないと取引できません．個人でも送金相手が決まっていれば取引可能ですが，一般的に取引に応じてくれる相手を見つけることが難しくなります．異なる暗号通貨間の取引，通貨と暗号通貨の取引は，自分が行いたい取引条件に合う相手を見つけなければなりません.

　暗号通貨の取引所が多くない時代は暗号通貨のミートアップなどを通じて取引相手を探すことが一般的でした．現在では暗号通

貨取引所を利用すれば暗号通貨取引がスマホやPCでいつでも可能です．国内の例ではDMM bitcoin，GMOコインなどがあります．今後も取引所はどんどん増えていくと思います．

● その4：コア開発者

▶ **センサの場合…独自のブロックチェーンを作って管理する**

　ビットコインを手本にさまざまな暗号通貨やブロックチェーン・プラットフォームが開発されてきました．ブロックチェーンの基本的なアイデアがあるため，改良版や拡張版を作るのはとても簡単です．GitHubなどに暗号通貨やブロックチェーンを利用するアプリケーションのソースコードが公開されています．世の中には少なくとも暗号通貨の種類以上にブロックチェーンの種類が存在するため，それらを参考に独自のブロックチェーンを設計することもできるでしょう．簡単な修正やソースコードの追加で独自のブロックチェーンを開発できます．

▶ **ちなみに…通貨の場合**

　ブロックチェーンの設計者がコア開発者になります．ブロックチェーンのアイデアは昔からありましたが，さまざまな問題がありうまくいきませんでした．ビットコインの登場によってようやく暗号通貨として利用できるものになりました．

　ビットコインの仕組みや機能を設計して開発する開発者グループ（https://bitcoin.org/ja/community）があります．特定の運営組織があるわけではなく，世界中にあるコミュニティによるコンセンサスに基づきビットコインの新しい仕組みや機能が開発されています．コミュニティに参加することで誰でも開発に貢献できます．ビットコイン以外の暗号通貨でもコミュニティがあり利用者と開発者が意見を交換して改善や拡張が行われています．

▶一応…簡単ではあるけれど維持/発展は楽ではない

　ブロックチェーンの問題やセキュリティの脆弱性を発見して解決するためにはデータ構造設計やセキュリティ対策設計などができるアーキテクト，それを実現するプログラマがいなければ解決することが難しいでしょう．

　ブロックチェーンは一度作っただけで終わりではなく，将来発見される問題を解決する必要があります．解決前のブロックチェーンと互換性を確保する必要があります．時には互換性を捨ててより良い新しいブロックチェーンに変更することもあるはずです．アーキテクトは参加者から支持される変更を設計しないと利用者が離れていってしまいます．

■ ブロックチェーン端末に使えるハードウェア

　ブロックチェーンにデータを記録する際には，さまざまな装置が利用できます．例えば一般的なスマホ，タブレット，携帯用ゲーム機だけでなく，スマート家電，MR（Mixed Reality）やVRゴーグル，スマート・スピーカ，自動車，スマート・ウォッチ，活動量計，防犯カメラ，電子たばこ，スマートおもちゃ，スマートめがね，コンタクト・レンズといったIoT端末があります．

● 通信手段……Wi-Fiはもちろん地域放送でも

　また，通信手段としてWi-Fi，Bluetooth，NFC，光通信，バーコード，QRコード，ウェブ・サイト，SNSなどを通じて取引することもできるので利用者の増加が見込めます．

　セキュリティ面を考慮しなければアマチュア無線によるパケット通信，短波通信，バースト転送，衛星通信，スペクトル拡散などによっても暗号通貨を送ることができます．

● 今まで考えたことがない使い方も可能

　例えば地域クーポン付きのフリーペーパのようなイメージで，ラジオ放送や屋外の広域放送を使って暗号通貨やトークンを配布することも可能です．ラジオや広域放送で未完成のトランザクションを音(超音波)で出力し，スマホ・アプリやIoT端末(スマート・ウォッチ)で音を受信して，自分のウォレットに含まれるコイン・アドレスなどの情報を付加してトランザクションを完成させます．このトランザクションをインターネット上のマイナーによってマイニングしてもらいます．マイニングされるとブロックチェーンに記録され自分のウォレットに地域通貨や地域クーポンがひも付けられ，それを使って商品やサービスの購入に利用させるような使い方もできます．電波や音の届く範囲が調整できるので，暗号通貨やトークンを受け取る人を商店街や店内などに限定可能です．

　自治体のブロックチェーン活用が始まっています．かすみがうら市の湖山ポイント(地域ポイント，https://city.kasumigaura-point.jp/index)が有名です．

〈佐藤　聖〉

◆参考文献◆

(1) トヨタも注目のブロックチェーン3.0が自動車業界を変える!?，Motor-Fan.
　　https://motor-fan.jp/tech/10003318
(2) 中部電力，ブロックチェーンを用いた電気自動車の充電システム実験開始，CRIPCY.
　　https://cripcy.jp/news/chubudenryoku-blockchain-ev

第3章

台帳のデータ構造

■ チェーンのつながり方

　ブロックチェーンはトランザクションを格納し記録する台帳です（図1）．この台帳は各ノードがそれぞれ保有しており参照や更新を行います（図2）．ブロックチェーンは，複数のブロックがチ

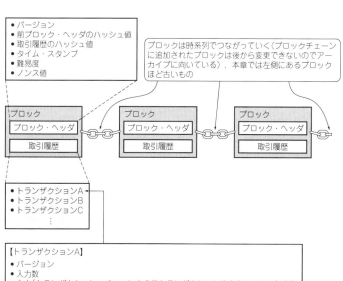

図1　台帳には取引データやセキュリティ・データが書き込まれている

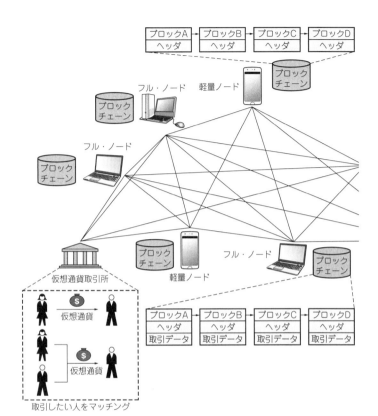

図2　台帳は各ノードがそれぞれ保有しており参照や更新を行う

ェーンのようにつながったイメージです．例えば「Proof of
Work：PoW」(暗号通貨によく利用される)による計算で作られる
ブロック［**図3(a)**］は主に，ブロック・ヘッダと取引履歴とでで
きています．

　ブロック・ヘッダ［**図3(b)**］の中には，前ブロック・ヘッダの
ハッシュ値，取引履歴のハッシュ値，ノンス値，その他ヘッダが
含まれます．

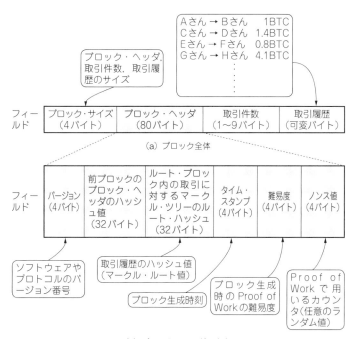

(a) ブロック全体

(b) ブロック・ヘッダの中身

図3 台帳（ブロック）の構造

■ ヘッダの中身①…前ブロック・ヘッダのハッシュ値

「前ブロック・ヘッダのハッシュ値」は，前ブロックとの論理的なつながりを保持します．これによって前ブロックと現ブロックとのつながりの正しさを検証できます．

■ ヘッダの中身②…取引履歴ツリーのルート・ハッシュ値

● 取引そのものはブロック内に残っていなくてもよい

ブロック・ヘッダには，取引データから算出されたハッシュ値［**図4**(c)］注1 が格納されていて，マークル・ツリーのルート・ハッ

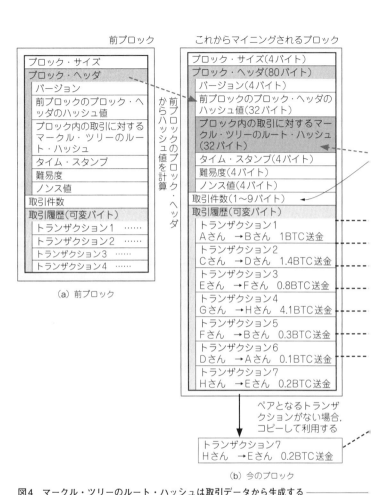

図4 マークル・ツリーのルート・ハッシュは取引データから生成する

注1：ハッシュ値は，ハッシュ関数を使って作ります．ハッシュ関数は，任意長のビット列から規則性のない固定長のビット列を生成してくれます．詳しくは第5章で解説しています．

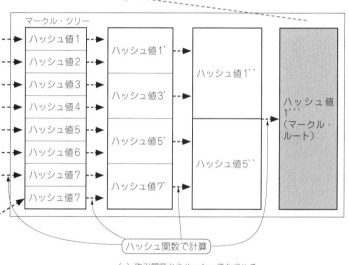

取引履歴に含まれるトランザク
ション件数(この例では7件)

ブロック・ヘッダに格納

マークル・ツリー

ハッシュ値1
ハッシュ値2
ハッシュ値3
ハッシュ値4
ハッシュ値5
ハッシュ値6
ハッシュ値7
ハッシュ値7

ハッシュ値1'
ハッシュ値3'
ハッシュ値5'
ハッシュ値7'

ハッシュ値1''
ハッシュ値5''

ハッシュ値
1'''
(マークル・
ルート)

ハッシュ関数で計算

(c) 取引履歴からハッシュ値を求める

シュといいます.

　ハッシュ値を格納しておくことで,取引データそのものはブロック内に格納しておかなくても,取引データがブロックの要素として正しい組み合わせであることを検証できます.

　取引履歴のハッシュ値は,取引の不正や整合性を確認するため

に利用されます．ブロック・ヘッダと取引履歴とをつなげる重要な情報です．ブロック・ヘッダにルート・ハッシュを書き込むことで，軽量ノードは一部の取引履歴だけを保持していればよく，過去から現在までの全ての取引データを保持する必要はありません．

● 過去の取引を検証できるメカニズム

軽量ノード利用者が，過去の取引データを検証する方法を通貨の例で示します．まず，P2P通信によってウォレット内の取引履歴を他ノードに伝えます．フル・ノードA（例えばAとしただけ）は，ブルーム・フィルタ注2に合致するトランザクションを確認し，見つけるとブロック・ヘッダとマークル・パス（マークル・ツリーの取引データやハッシュ値をつなげているパス）を軽量ノードに返します．軽量ノードは，マークル・パスを使って検証したい取引データがブロック内に含まれていることを確認します．

こうすることでビットコイン・アドレスをネットワーク上に送信することなく取引データを検証できます．暗号通貨で利用されるブロックチェーンで単なるデータから通貨としての役割が果たせるようになるために重要な仕組みの1つです．

図5の軽量ノードでGさんが「Gさん→Hさん4.1 BTC送金」の取引を検証しようとした場合，検証（概要）の流れは以下の通りです．

1. Gさんの軽量ノードはウォレットが持っている全てのビットコイン・アドレスをリストにします．

2. リストからHさんへ送金した際のビットコイン・アドレスにひも付けられたトランザクション・アウトプットか

注2：ウォレットに入っている特定のビットコイン・アドレスを隠す目的で生成される探索パターン．ビットコイン・アドレスを相手に伝えずに済みます．あるブロックに検索パターンが含むか否かを調べるのに利用します．

注3：軽量ノードがP2SHアドレスの残高をトラッキングしている場合，ペイ・トゥー・パブリック・ハッシュ・スクリプトを作成します．

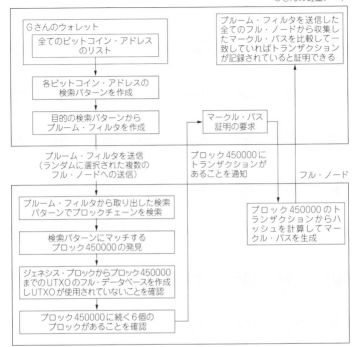

図5 取引を検証する流れ
「Gさん→Hさん 4.1 BTC 送金」の例

ら，検索パターン（パブリック・ハッシュ・スクリプト）
を作成します[注3].

3. 探索パターンから「ブルーム・フィルタ」（N個のビット列
と M個のハッシュ関数で構成）を作成します.

4. 軽量ノードからブルーム・フィルタを送ります．ランダ
ムに選択した幾つかのフル・ノードに，P2P通信によって
送信し，探索パターンにマッチするトランザクションの
調査を依頼します.

5. フル・ノードで検索パターンにマッチするブロック

53

450000が見つかったら，ジェネシス・ブロック（最初のブ
ロック）からブロック450000までを結びつけるUTXO
（特定の所有者にロックされた分割不可能なビットコイ
ンの固まり）のフル・データベースを作成し，トランザク
ションの検証のためUTXOで使用されていないことを確
認します．これによりウォレットに残高として残ってい
るビットコイン・アドレスを特定できます．

6. ビットコイン・ネットワーク上の他のノードでもブロッ
ク450001〜450006を確認して目的のブロックに6個のブ
ロックが接続されていることを事実としてトランザクシ
ョンが2重に使用されていないことを確認します．

7. フル・ノードは軽量ノードに検索パターンにマッチする
ブロック450000を伝え，軽量ノードはブロックに目的の
トランザクションが含まれるかを検証するため，ランダ
ムに選択した複数のフル・ノードへマークル・パス証明
を要求します．

8. 軽量ノードは全てのフル・ノードからマークル・パス証
明を受け取り，比較することでそのブロックにトランザ
クションの記録が存在することを証明できます．

■ ヘッダの中身③…重要なランダム値「ノンス値」

● 見つけたらマイニング成功

ブロックを生成するために必要な任意のランダム値が格納され
ます．前ブロック・ヘッダのハッシュ値，取引履歴のハッシュ値，
その他ヘッダにノンス値を加えて，次ブロック・ヘッダに格納さ
れるハッシュ値を算出します［**図6(a)**］．

ビットコインでは，ブロックのハッシュ値を一定以下の数値に
させるノンス値を発見しなければ［**図6(b)**］，ブロックチェーン
にブロックを格納することができません．つまりノンス値が発見

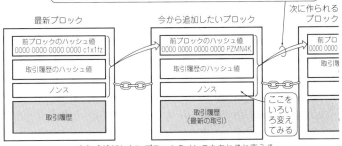

最新ブロックのこれら3つからゼロが16個以上続くハッシュ値をノンスを変えながら見つけるのがマイニング（ビットコインの場合）
0000 0000 0000 0000 FGHJ KL1Y

最新ブロック　　　　　　　　今から追加したいブロック　　　次に作られるブロック

前ブロックのハッシュ値 0000 0000 0000 0000 c1x1fz	前ブロックのハッシュ値 0000 0000 0000 0000 PZMN4K	前ブロ 0000 0000
取引履歴のハッシュ値	取引履歴のハッシュ値	取引履
ノンス	ノンス	
取引履歴	取引履歴 （最新の取引）	

ここをいろいろ変えてみる

(a) 今追加したいブロックのノンスをあれこれ変える

前のブロックの ハッシュ値	今のブロックの ハッシュ値	取引データ	ノンス	次のブロックの ハッシュ値
0000000000000000 g84uy90gqh13kjs9	0000000000000000 tyu53b7i9fr56mlp	aabbccddeeffgghh	00000000	b8ci9d77hag4a7l2jj4groi3gal33j
0000000000000000 g84uy90gqh13kjs9	0000000000000000 tyu53b7i9fr56mlp	aabbccddeeffgghh	00000001	89jfiogeo1314kgoqk90ko093d
0000000000000000 g84uy90gqh13kjs9	0000000000000000 tyu53b7i9fr56mlp	aabbccddeeffgghh	00000002	b74gl5ajgag984u4qgqklgqegoq3ijtgqo
0000000000000000 g84uy90gqh13kjs9	0000000000000000 tyu53b7i9fr56mlp	aabbccddeeffgghh	:	6hr9gaskfasfasgasgakjglakjglkajglka
0000000000000000 g84uy90gqh13kjs9	0000000000000000 tyu53b7i9fr56mlp	aabbccddeeffgghh	:	uu8gegagjaiglkagnaket3tqt34q4gr
0000000000000000 g84uy90gqh13kjs9	0000000000000000 tyu53b7i9fr56mlp	1gb78dko	0000000000000000009x13vcii1kld90op

少しずつ変えていく

このノンスだ！

0が16個続くハッシュ値が登場！

(b) ノンスが見つかるまで

図6　新規ブロックを追加するためにはその次のブロックに格納されるべきハッシュ値を求める

できないとマイニングに成功しません．

　正解のノンス値を見つける問題が解けると，過去の全取引履歴を格納したブロックチェーンを更新できるので，かなり大きな権限です．マイニングが改ざんの抑止力として働き，成功すればマ

イニング報酬を得られるため非常に重要な役割です．一度マイニングで正解のノンス値が発見されれば，正解かどうかを確認するのが非常に簡単で，スマホでも検証できます．

■ 新規ブロックを追加するための「マイニング」

● ノンス値を見つけるのが大変

未承認の取引データから未承認のブロックを「マイニング」によって作成し，その未承認ブロックを他のブロックチェーン・ネットワークの参加者へ送り，参加者から承認を得ることで，「未承認ブロック」が「新規ブロック」となります．同時にマイナーはマイニング報酬を受け取り，承認された取引データの取引が実行されます．

マイニングはブロック・ヘッダのノンス値(ランダムな値)を変えながらハッシュ関数によって次ブロック・ヘッダのハッシュ値を求めます．ノンス値は一意に決まるランダムな値とは限らないため，複数のノンス値が正解になる可能性もあります．

マイニングは正解のノンス値を見つける競争なので早くマイニングできることに越したことはりません．正解のノンス値を確率的に見つけるので遅いノードでもマイニングに成功するチャンスはあります．また，正解のノンス値は1つとは限らないので，運良く早く見つけられる場合もあります．

ビットコインでは，マイニングはProof of Work(PoW)によって行われます．この作業は新規ブロックを生成し，そのブロックに正しい取引データが記録されているかを承認するものです．

● ビットコインのPoWは強いもの勝ち

PoWはより多くの仕事がなされたブロックチェーンが有効になります．総当たり的にハッシュ値を求めるため，計算範囲が広く，コンピュータの処理能力だけでなく，大きなメモリ空間，さ

らに大電力が必要です.

ビットコインは簡単にマイニングできないように設計されているため, ラズベリー・パイなどの小型コンピュータをマイニングに利用することはできません.

● 非力なコンピュータでもできるのが PoS

PoW の改善策として, 非力なコンピュータでもマイニングできるように考案されたのが Proof of Stake (PoS) です.

PoS では新規ブロックの生成はマイニングまたはフォージング (鋳造) と呼ばれ, 暗号通貨の保有量と保有期間のかけ算で示される coin age が大きいほど, ハッシュ計算の範囲が狭くなり, 有利になります. ほかにも PoS と PoW を組み合わせる方法などがあります.

■ 取引履歴データ

● センサの場合・・・温度やモータの回転角など何でも

取引履歴データには, 温度や湿度データ, モータの回転角度, カメラ画像, カメラ画像から生成したハッシュ値などが格納されます.

● 通貨の場合

取引履歴には, A さんから B さんへ 1 BTC 送金, C さんから D さんへ 5 BTC 送金などの取引 (トランザクション・データ) が, 1000~2000 件ほど格納されています. 個々の取引データ (トランザクション) は人間が読めるテキスト・データではなくフォーマットが決まっており, バージョン, 署名スクリプト, 出金額, 公開鍵検証スクリプト, ブロック・クロック時間などの情報によって表現されています.

■ ブロックチェーンで使われるハッシュ関数

● 任意長のビット列から固定長のビット列が得られる

ハッシュ関数は，任意長のビット列から規則性のない固定長の
ビット列を生成してくれます．

ブロックチェーンで利用されるハッシュ値は，データを暗号化
した値であり，これには暗号学的ハッシュ関数がよく利用されま
す．例えばハッシュ関数のアルゴリズムとしてMD5やSHA-256
があります．

ブロックチェーンを利用した分散型台帳では，一部の台帳にあ
る取引を改ざんして，送金先をBさんからEさんへと書き換えた
り，送金額を1BTCから1000BTCに書き換えたとしても，ノー
ドが持つブロックチェーンから検索したり，ビットコイン・ネッ
トワークのフル・ノードにブルーム・フィルタを使って目的の取
引がブロックチェーンのブロックに含まれているかを調べること
ができます．

● 取引の正しさを確かめることができる

フル・ノードではブルーム・フィルタに一致するトランザクシ
ョンを，ブロックチェーンの中から検索する際に，トランザクシ
ョンのチェーンを過去にさかのぼって検索して見つけます(**図7**)．
もし，ブロックの一部のトランザクションが改ざんされていても，
トランザクションのチェーンのつながりがあるので，トランザク
ションのチェーン，マークル・ルート，マークル・パスも改ざん
して整合性を取らないといけなくなり，完全な改ざんを難しくし
ています．他のノードが持つブロックチェーンから目的のブロッ
クの取引履歴からハッシュ値を計算し直して評価することができ
るので改ざんを簡単に検出できます．

上記を言い換えると，取引を改ざんした場合，マークル・ツリ

ーのルート・ハッシュ値が変わり，ブロックそのもののハッシュ値も変わってしまいます．マイニングされたブロックの取引履歴からハッシュ値を再計算してマークル・ルートの検証，過去のブロックやトランザクションのチェーンなどのつながりの整合性を比較検証することで改ざんがあったことを検出できます．

■ 新規の台帳（ブロック）を承認する基本メカニズム

ブロックチェーンではサーバが存在せず，各ノードが自己申告したトランザクションを各ノードによりコンセンサス・アルゴリズムによって合意を形成します（図8）．各ノードは非同期的にトランザクションを自己申告するため，過去分のトランザクションが記録されたブロックチェーン（台帳）を保持しています．

新しいブロックの追加を確定するには，マイナーによって検算が行われます．と言っても，正解のノンスを知っているわけですから，検算は一瞬です．検算が成功するとブロックがブロックチェーンに追加されます．

この承認アルゴリズムにも欠点があります．特定の国や組織にノードの51％が集中すると，不正や改ざんの可能性が高まります．このアルゴリズムでは多数決で正しいブロックやブロックチェーンの分岐を決めるので，特定の意思が反映されてしまうと公正さを保てなくなります．そのため他の保有者の動向にも注意を向ける必要があります．

■ 新規台帳を作るための「難易度」の考え方

暗号通貨はコンピュータの性能向上や普及により一定の速度でマイニングされるよう，または早くマイニングされすぎないように調節する機能を備えています．中央管理者がいなくても暗号通貨の供給量が調整できる仕組みでインフレ抑制としての効果もあります．

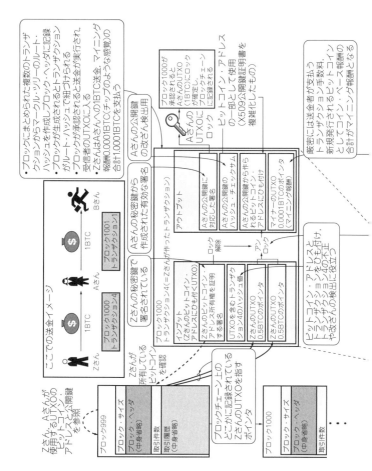

- ブロックにまとめられた複数のトランザクションからマークル・ツリー（ツリー状の ハッシュ）を作成されるとトランザクション・ハッシュで組みづけられる
- ブロックが生成されるとブロック・ヘッダに記録が付けられる
- ブロックが承認されると送金が実行され、受信者のUTXOに入る
- ZさんはAさんの0.0001BTC送金 報酬0.0001BTC（チップのような感覚）の合計1.0001BTCを支払う

ここでの送金イメージ

（図：Zさん 1BTC → ブロック1000 トランザクション1 Aさん 1BTC → ブロック1001 トランザクション1 Bさん）

Zさん、Aさんが 使用するUTXOの アドレスと公開鍵 を参照

Aさんの秘密鍵から
の改ざん検出用

Aさんの秘密鍵から
作成された有効なトランザクション）

アウトプット

ブロック1000が承認されると AさんのUTXOが確定し、ブロックチェーンに記録される

Aさんの公開鍵に対応したUTXO

Aさんの公開鍵の ハッシュから作られ るビットコイン・ アドレスにロック

マイナーのUTXO 0.0001BTCの （マイニング報酬）

厳密には送金者が支払う トランザクション手数料。 新規発行されるビットコイン としてコイン・ベース報酬の 合計がマイニング報酬となる

Aさんの 公開鍵 （1BTCにロック）

ビットコイン （1BTC）にロック される

ビットコイン・アドレス のーー部として使用 （X509公開証明書を 複雑化したもの）

Aさんの公開鍵で 署名された署名

ロック 解除 ↕ アンロック

ブロック1000 （トランザクション4＝Zさんが作ったトランザクション）

インプット （Zさんのビットコイン・ アドレスにロックされたUTXO）

Zさんのビットコイン アドレス所有者を証明 する署名

Zさんの公開鍵

UTXOを含むトランザク ション40のハッシュ値

Zさんのハッシュ値

Zさんの公開鍵で 署名されている

Zさん所有の ビットコイン を確認

Zさんの公開鍵 アドレス所有情報を証明 する署名

ZさんのUTXO 0.5BTCのポインタ

ZさんのUTXO 0.5BTCのポインタ

ビットコイン・アドレスと トランザクションをひもづけ、 やや改ざんの検出に役立つ

Zさんが 所有している ビットコイン

ブロックチェーン上の どこかに記録されている ZさんのUTXOを指す ポインタ

ブロック999	ブロック1000
ブロック・サイズ	ブロック・サイズ
ブロック・ヘッダ （中身省略）	ブロック・ヘッダ （中身省略）
取引履歴	取引件数
取引件数 （中身省略）	

● 難易度調整の基本メカニズム

　例えばビットコインでは，難易度が変わると新規ビットコインの発行と取引承認に影響します．もしブロック生成が遅れるとマイナーにとってはマイニング報酬が少なくなり，暗号通貨を使って取引しようとする人にとっては送金に遅れが生じます．逆にブロック生成が早すぎるとマイナーの報酬は高くなり，利用者にと

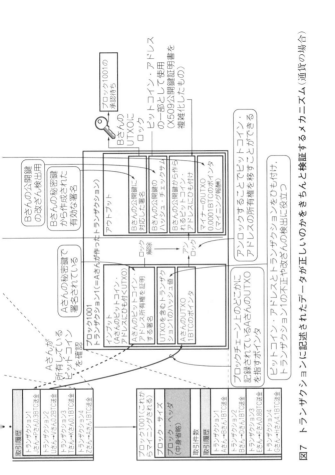

図7 トランザクションに記述されたデータが正しいのかをきちんと検証するメカニズム(通貨の場合)

ブロック10001の
承認待ち

Bさんの
UTXOに
ロック

ビットコイン・アドレス
の一部として使用
(X509公開鍵証明書を
複雑化したもの)

Bさんの公開鍵
の改ざん検出用

Bさんの秘密鍵
から作成された
有効な署名

アウトプット

Bさんの公開鍵に
対応した署名

Bさんの公開鍵の
ハッシュ・チェックサム

Bさんの公開鍵から作ら
れるビットコイン・
アドレスにも紐付け

マイナーのUTXO
0.0001BTCのポインタ
(マイニング報酬)

ブロック10001(=Aさんが作ったトランザクション)

Aさんの秘密鍵でAさんが作ったトランザクション
に署名されている

アンロックすることでビットコイン・
アドレスの所有権を移すことができる

Aさんが
所有している
ビットコイン
を確認

インプット
(Aさんのビットコイン・
アドレスに紐付いたUTXO)

Aさんのビットコイン・
アドレス所有権を証明
する署名

UTXOを含むトランザク
ションのハッシュ値

AさんのUTXO
1BTCのポインタ

ロック
解除

アン
ロック

ビットコイン・アドレスとトランザクションをひも付け,
トランザクション10001の不正やAさんの検出に役立つ

ブロックチェーン上のどこかに
記録されているAさんのUTXO
を指すポインタ

取引履歴

トランザクション1
Jさん→Aさん3BTC送金

トランザクション2
Uさん→Aさん2BTC送金

トランザクション3
Sさん→Aさん0.1BTC送金

トランザクション4
Zさん→Aさん1BTC送金

ブロック10001(これが
5マイニングされる)

ブロック・サイズ

ブロック・ヘッダ
(中身省略)

取引件数

取引履歴

トランザクション1
Aさん→Bさん1BTC送金

トランザクション2
Bさん→Cさん1BTC送金

トランザクション3
Eさん→Fさん0.8BTC送金

トランザクション4
Gさん→Hさん1BTC送金

っては悪意を持ったマイナーが生成したブロックが承認されてし
まう可能性が高まり正常な送金が行えない，暗号通貨の信頼性が
失われて価値を失う（価格の暴落）につながる可能性があります．
一般的に他の暗号通貨でもこうした理由からマイニングの難易度
を調整しています．

　ビットコインでは約10分に1ブロックが生成できるように調

61

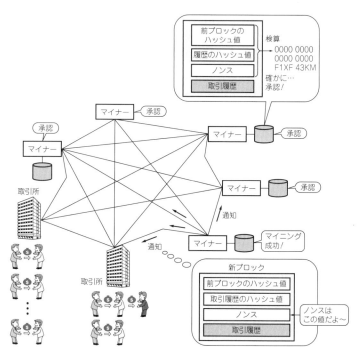

図8 各ノードが通知された新規ブロックを認めることで新しいブロックがチェーンに追加されていく

整されています. fork.lolサイトの「Blocks」-「Blocks/hr」タブ
(https://fork.lol/blocks/time)で1ヵ月間の1時間
ごとにマイニングされたブロック数を見ることができます. おおよそ6ブロックが生成されていますが, タイミングによっては最小で2.5ブロック, 最大で11.5ブロックが生成されています. 現在, マイニングの難易度調整は2016ブロックごと(約2週間ごと)に行われています. 平均ブロック生成時間が10分より長ければ難易度を下げ, 逆に短ければ難易度を上げています.

ブロック生成にはハッシュ関数を用いてハッシュ値を算出しますが, ブロック・ヘッダとノンス値(32ビットの数値)から算出さ

れるハッシュ値の先頭16桁が0のときにマイニング成功となります．マイニングを成功させるためにノンス値を探索的に探すことになります．マイニングによりブロック生成時間を調整するために難易度を数値で設定します．難易度の値がノンス値の上限となり，値が大きければ正解のハッシュ値が算出できるノンス値を発見するために探索範囲が広くなります．探索範囲が広くなることによりブロック生成に時間を要することにつながるためブロック生成の難易度が上がります．

　ビットコインでは簡単な難易度の調整機能があります．難易度の調整にはハッシュ値の先頭16文字が0がだったときに5分でマイニングされてしまうことが続けば難易度を高くするよう調整します．難易度を高く方法としてハッシュ値の先頭17文字が0である値を正解とする変更を行います．変更後，7分でマイニングされるようなら先頭18文字を0にするように変更します．逆にマイニングに15分かかるようであれば難易度を低くするよう調整します．難易度を低くする方法は先頭18文字を0のときに正解としていたものを先頭17文字が0であれば正解とするように変更します．

　アルトコインはビットコインの改良版なのでそれぞれの目的に対応した難易度調整機能の開発が進んでいます．

　難易度の変化はfork.lolサイトの「POW」-「Difficulty」タブ（https://fork.lol/pow/difficulty）で確認できます．

● 難易度調整が必要な理由

　このような調整が必要になる要因としてマイニングに使用されるコンピュータ性能の向上があります．コンピュータのハードウェア（CPUやGPUなど）は高性能化と低価格化が進んでおり，高速演算が可能なコンピュータが入手しやすくなっています．その結果，暗号通貨の人気によりマイニングに新規に参加するマイナ

ーを増やすことになり，ブロック生成に使用されるコンピュータ資源を増加させています．そうなると1ブロックの生成が10分よりも短時間で行われるはずですが，難易度の調整機能によって約10分になるよう調整されています．ここではビットコインを例に説明しましたが他の暗号通貨でもブロック生成には類似の調整機能があります．

● 追加したブロックが安全と言えるまでには時間がかかる

ビットコインの例で言うと，新規ブロックの作成（＝マイニング）は10分に1回行われます．ある取引が記録されたブロックAが生成されてから50分経過すると，ブロックAを含めて6ブロックができていることになります（**図9**）．ここまでブロックが連なると安全と言われています．

■ 新規台帳作成の競合が起こる理由＆処理

ビットコイン・ネットワークにブロックが伝播，世界中のノードでコンセンサスを形成されて，各ノードのブロックチェーンに追加されます．マイニングに成功したマイナー・ノードは1つとは限らず，世界のどこかで同時に新規ブロックが生成されるかも

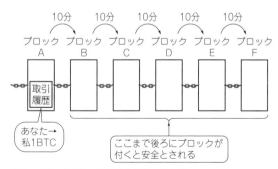

図9 ブロックが6つ連なると安全とされる

しれません．マイナーがマイニングに成功するとインターネット上の物理的な伝送時間によるタイムラグがあります．各ノードはネットワーク伝送経路が近いマイナー・ノードから最初に新規ブロックを受け取り，伝送経路が遠いマイナー・ノードからは遅れて新規ブロックを受け取るはずです．このタイムラグによって，ノードごとに自身のブロックチェーンに追加するブロックが異なる状態になります．コンセンサス形成のタイミングによっては一時的に各ノードのブロックチェーンが異なるかもしれません（図10）．

たとえマイニング速度が遅くても，より早く伝送し，より多くのノードに新規ブロック生成を通知できたマイナー・ノードがコ

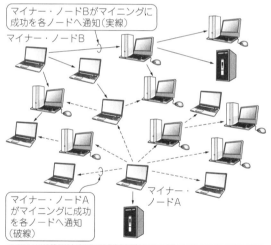

マイナー・ノードBがマイニングに成功を各ノードへ通知（実線）

マイナー・ノードB

マイナー・ノードA
がマイニングに成功を各ノードへ通知（破線）

マイナー・ノードA

ある一定時間で2ホップまで伝達できたとした場合，伝達速度により新規ブロックを仮承認するノード数が異なる．これらのノードでコンセンサスを形成して正式な承認を得たマイナー・ノードがマイニング報酬を受け取れる．
図ではマイナー・ノードAがマイニング報酬を受ける

図10　より早く伝送し，より多くのノードに新規ブロック生成を通知できたマイナー・ノードがコンセンサス・アルゴリズムの元では多数決に勝ちやすい

ンセンサス・アルゴリズムの元では多数決に勝ちやすいです．ある時点では異なるマイナー・ノードが生成したブロックを承認しているのでコンセンサス形成にも時間を要します．コンセンサスの形成中は新規ブロックは仮追加の状態で自身のブロックチェーンに追加されます．これは選挙の開票速報のようなもので，ある時点の状態を示しているだけなので結果はまだ分かりません．

　その後，多数決が行われ負けた側のブロックを承認したノードは，そのブロックより先に追加されたブロック追加も無効になり，有効とされたブロックの接続に修正されることになります．このプロセスは選挙開票のように時間がかかるため，一定以上ブロックが接続されないと安全ではありません．

　ブロックチェーンは変更することができないと思われがちですがフォーク（分岐）によって一時的な分岐（や永続的な分岐）が可能です．一時的な分岐は不特定多数のマイナー・ノードによってマイニングされることによって起こります．

　マイニングで同時に複数のブロックが生成された場合，後続のブロックがそれぞれに接続されていきます．一時的に分岐したブロックチェーンは，各ノードが選択したブロックチェーンの方に新規ブロックを追加していくため，時間の経過とともに分岐後のブロックチェーンの長さに差が生じるようになります．

　ブロックチェーンが分岐したときには長い方を正しいとして短い方を無効にすることになっています．これにより短い方のブロックチェーンは過去にさかのぼって取引が無効にされることがあります．これもコンセンサス・アルゴリズムにより特定の管理者がいなくても整合性を取れるようになっています．

■ ブロックチェーンのバージョンアップで起こる問題

　ブロックチェーンにブロックを追加するルールを変更したり，厳しくしたりすることによって一時的な分岐が発生することがあ

ります（**図11**）．これをソフト・フォーク（Soft Fork）と呼び，旧ルールと新ルールが入り乱れてマイニングされてしまいます．新旧のルールはブロックやトランザクションに含まれるバージョン情報で決まるため，新ルールに対応した取引アプリやマイニング・ツールへバージョンアップされていないノードがネットワーク上に残ることで旧ルールのまま取引やマイニングをしようとするため発生する問題です．過半数のマイナー・ノードが新ルールでマイニングを行うようになるとブロックチェーンは新ルールで生成されたブロックが追加されていくので，分岐後に旧ルールで伸びたブロックは無効にされてしまいます．

　ブロックチェーンは不正な手段で変更することが難しいですが訂正にはハード・フォーク（Hard Fork；コア・プログラムの分裂）が発生するなど手間がかかります．絶対に間違いのないデータや取引を常に行えるとよいのですが，たまには間違うこともあるでしょう．

　アルトコインの中にはブロックチェーンに特定の権限の与えられたユーザだけが厳格な規定に基づいてブロックチェーンに変更を与える訂正機能が追加されています．この機能によってデータの修正，コスト管理，ガバナンスの順守が可能になります．ブロックチェーンは既に備わっている機能を利用するだけでなく，設計することによってさまざまな機能を追加できます．　〈佐藤　聖〉

◆参考文献◆
(1) Porsche introduces blockchain to cars.
　　https://newsroom.porsche.com/en/themes/porsche-digital/porsche-blockchain-panamera-xain-technology-app-bitcoin-ethereum-data-smart-contracts-porsche-innovation-contest-14906.html
(2) トヨタも注目のブロックチェーン3.0が自動車業界を変える！
　　https://motor-fan.jp/tech/10003318
(3) 中部電力，ブロックチェーンを用いた電気自動車の充電システム実験開始．

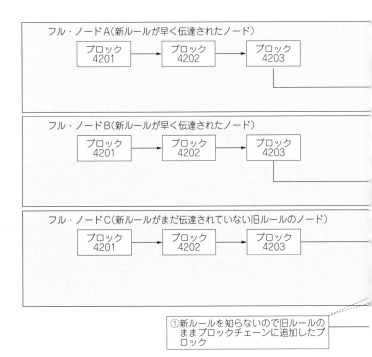

図11　旧ルールのままマイニングしたノードのブロックは無効になる　――――

　　https://cripcy.jp/news/chubudenryoku-blockchain-ev
(4) シマンテックのセキュリティセンター.
　　https://www.symantec.com/ja/jp/security-center
(5) 警視庁「平成29年におけるサイバー空間をめぐる脅威の情勢等について」.
　　http://www.npa.go.jp/publications/statistics/

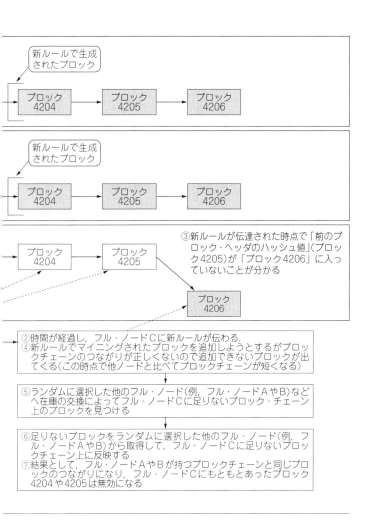

新ルールで生成
されたブロック

ブロック
4204 → ブロック
4205 → ブロック
4206

新ルールで生成
されたブロック

ブロック
4204 → ブロック
4205 → ブロック
4206

ブロック
4204 → ブロック
4205

③新ルールが伝達された時点で「前のブロック・ヘッダのハッシュ値」(ブロック4205)が「ブロック4206」に入っていないことが分かる

ブロック
4206

②時間が経過し，フル・ノードCに新ルールが伝わる．
④新ルールでマイニングされたブロックを追加しようとするがブロックチェーンのつながりが正しくないので追加できないブロックが出てくる(この時点で他ノードと比べてブロックチェーンが短くなる)

⑤ランダムに選択した他のフル・ノード(例，フル・ノードAやB)などへ在庫の交換によってフル・ノードCに足りないブロック・チェーン上のブロックを見つける

⑥足りないブロックをランダムに選択した他のフル・ノード(例，フル・ノードAやB)から取得して，フル・ノードCに足りないブロックチェーン上に反映する
⑦結果として，フル・ノードAやBが持つブロックチェーンと同じブロックのつながりになり，フル・ノードCにもともとあったブロック4204や4205は無効になる

cybersecurity/data/H29_cyber_jousei.pdf
(6) タイ銀行総裁ヘラルズ氏「ブロックチェインの影響」記事.
https://www.coindesk.com/bank-thailand-governor-heralds-blockchains-coming-impact/

コラム１　アドレスをネットワーク上に公開せずに済ませる ための「ブルーム・フィルタ」

　ブルーム・フィルタの役割は，プライバシ保護です．**図5**の例ではＧさんが自身の過去の取引について検証するケースになります．例は検証の概要だけに絞って説明していますが，実際はもっと多くの検証の積み重ねによって構成されています．

　ビットコインは不特定多数の参加者によって利用されているネットワークなので，参加者のプライバシ保護のため，個人を特定されないように工夫されています．**図5**の方法ならビットコイン・アドレスがネットワーク上に送信されないため，個人のウォレット・アドレスにも結びつかず，ビットコインを盗み取ろうとする人にアドレスが漏えいしません．

　ただし検索パターンで取引の検証を行うため，確率的な検証しかできませんし，問い合わせたフル・ノードのブロックチェーンが改ざんされているかもしれません．こうした問題に対応するため，ランダムに選択した複数のフル・ノードに問い合わせて集めたマークル・パスを比較することで，目的のトランザクションが特定のブロックに記録されていることを検証できます（ここで分かるのは絶対に含まれていない，または含まれているかもしれないのどちらか）．

　ブルーム・フィルタと同じハッシュ関数を使えば，特定の入力に対して同じハッシュ値が出力されますので，どのノードで計算しても同じ結果が得られます．正確性とプライバシ保護のレベルは，ブルーム・フィルタの長さとハッシュ関数の個数を調整することで変えられます．正確性が高まりすぎると特定のビットコイン・アドレスがウォレット内にあることが知られてしまい，プライバシ保護を高めると多数のビットコイン・アドレスにマッチしてしまい特定できなくなります．

　また，取引の検証は相手のビットコイン・アドレスを知っている前提で行われます．このアドレスを知らないと，理論上，送金先が確定せず，取引できないはずです．そのため第3者の取引について調べようとすると，フル・ノードを構築してブロックに含ま

れるトランザクションを読み解く必要があります．これは非常に手間のかかる作業となるため，犯罪捜査などで暗号通貨の流れを操作するなどの特別な事情がない限り，詳細に検証することはないかもしれません．

コラム2　ブロック生成の指標にはハッシュ・パワーとハッシュ・レートがある

　マイニングにはハッシュ・パワーとハッシュ・レートという指標があります．ハッシュ・パワーは1ブロックの生成に要した時間で，ハッシュ・レートは1秒間にハッシュ関数で算出されたハッシュ値の数です．

　ビットコインのハッシュ・パワーは理論上，1ブロック生成に10分かかるとしたら1時間で6ブロック生成されることになります．しかし，実際は1時間ちょうどではなく結構時間が前後します．ハッシュ・パワーを確認するにはfork.lolサイトの「POW」-「Speed」タブ（https://fork.lol/pow/speed）で調べることができます．ここでは1時間と6ブロック生成に要した時間の相対速度変化を確認できます．執筆時点（2018年4月14日）では±40%くらいの差は頻繁にあることが分かります．

　ビットコインのハッシュ・レートは執筆時点でfork.lolサイトの「POW」-「Hashrate」タブ（https://fork.lol/pow/hashrate）で12時間に25E～30EH/s（25×10^{18} H/s～30×10^{18} H/s）で推移していることが分かります．1ブロック/10分とした場合，約0.64PH/s（0.64×10^{15} H/s）の計算量となります．毎秒ごとに膨大なハッシュ値が算出されておりますが，ここには出てきていないハッシュ関数の計算途中でマイニングが失敗した数も合わせると，より多くの計算が行われていたと想像できます．

　ビットコイン以外の暗号通貨や暗号通貨以外の用途で使われるブロックチェーンでもブロック生成の指標としてハッシュ・パワーとハッシュ・レートが利用できます．マイニング・マシーンのブロック生成性能を比較するときによく利用されます．これらの指標は異なる暗号通貨やブロック生成アルゴリズム間の比較には利用できません．

アニメーションでメカニズムを可視化する

　ブロックが生成されてブロックチェーンになることを理屈で分かっていても，なかなかイメージしにくいのではないでしょうか．そのようなときにはブロックチェーンを可視化するサイトが便利です．

　ビットコインのマイニング，トランザクション，ブロックなどの情報を確認できるサイトがあります．

　基本的にブロックチェーンを参照したり，マイニング中のブロックの中身をアニメーションにして表示したりしているだけです．誰でもブロックの中身を参照することができるのも分散管理台帳の特徴です．ウェブ・アプリケーション開発の経験があれば，こうしたサイトを自作することも簡単だと思います．

■ お勧めサイト1…ブロックがつながる様子をイメージしやすいchainFlyer

　ビットコインの多数のトランザクションがブロックとしてマイニングされる様子をアニメーションで確認できるのがchainFlyer(https://chainflyer.bitflyer.jp/)です（図1）．

　ブロックが生成されてブロックチェーンに追加される様子をイメージ画像で見ることができます．実際のトランザクションがどれほど生成されているのかをイメージしやすいと思います．

● 接続待ちの取引データ

　サイトを表示します．ノードからトランザクションが生成されると鍵付きのひし形マークが画面の上部から降ってきます．トラ

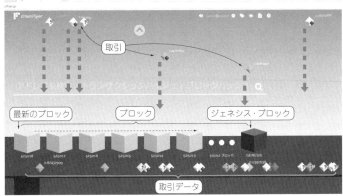

図1 ブロックがつながる様子をイメージしやすいchainFlyer

図2 接続待ちの取引データ

ンザクションはブロックが生成されるまでは未確定状態です.

　また,落ちてきたトランザクションが鍵付きならトランザクションの一部または全体の整合性(取引の前後関係)を確認中です.鍵のマークが消えたらトランザクション・チェーンが確認済みになり,取引の前後関係(ビットコインの流通順序の正しさ)が検証済みになります.ブロックに含まれてブロックチェーンにつながれるのを待っている状態です(図2).

● 書き込めない取引データもあり得る

　トランザクションの中には小さく黒いひし形マークが付いているトランザクション（**図3**）もあります．これはビットコインが持つスケーラビリティ問題（Segwit）の1つです．ビットコインの流通量が増えると取引量が増えます．ブロック・サイズが1Mバイトまでと決まっているのでデータ処理が追いつかなくなるとブロックに書き込めないトランザクションも発生します．

　ビットコインは10分ごとにブロックを生成するため，取引の認証速度はクレジット・カードと比べると20分の1以下とも言われています．大量の取引が発生したタイミングでは取引の遅延や停止が懸念されるという問題が発生します．

　ビットコインではこのような問題をはらんでおり，そのため改良版となるアルトコインが登場したという経緯があります．一般的にはトランザクションを作るために少額のビットコインをかき集めて大きな額のビットコインを送金しようとした場合にこの問題が発生しやすいです．通常は1回の送金で大金を送ることはせずに，複数回に分けて少額で送金すると取引の遅延などにはまってしまうことが少ないです．

● 中央にある四角がブロックそのもの

　中央横1列にはブロックチェーンをイメージしたブロックが並

図3　ブロックに書き込めない取引データもある

んでおり，GENESISがビットコインのブロックチェーンの中で一番古いブロックになり，それ以降にブロックチェーンにつなげられたブロックには数字のブロックIDが表示されています（図1）．マイニングされると新しいブロックが追加される様子をアニメーションで見ることができます（図4）．

● ハッシュ値/タイム・スタンプ/ブロック報酬/トランザクション数

1つのブロックをクリックするとハッシュ値，タイム・スタンプ，ブロック報酬，トランザクション数，サイズ，重量などの詳しい情報を見ることができます（図5）．

図4 新しいブロックが追加される様子も見られる
これまでのブロックが右に移動し最後尾に追加される

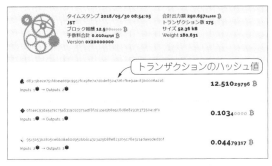

図5 1つのブロックをクリックするとハッシュ値やタイム・スタンプを見られる

■ お勧めサイト2…ブロックの中を詳しく調べられる BLOCKCHAIN

● ブロック・ヘッダ

　例えばブロック番号525019の詳しい情報を調べたいならば，BLOCKCHAIN（https://www.blockchain.com/，**図6**）のサイトにアクセスして，右上にあるサーチ窓にビットコイン，イーサリアム，ビットコイン・キャッシュのブロック番号，トランザクション，ハッシュなどを入力して検索できます．例として，ブロック #5225019の検索してみました（**図7**）．

　検索結果（**図8**）には，該当ブロック番号を持つ仮想通貨が表示されます．ここではビットコインをクリックします．するとビットコインのブロック情報が表示され，上部がブロック・ヘッダに相当（**図9**），下部の「トランザクション」からは取引履歴（**図10**）

図6　BLOCKCHAINのサイトにアクセス

図7　ブロック#5225019をサーチ窓に入力

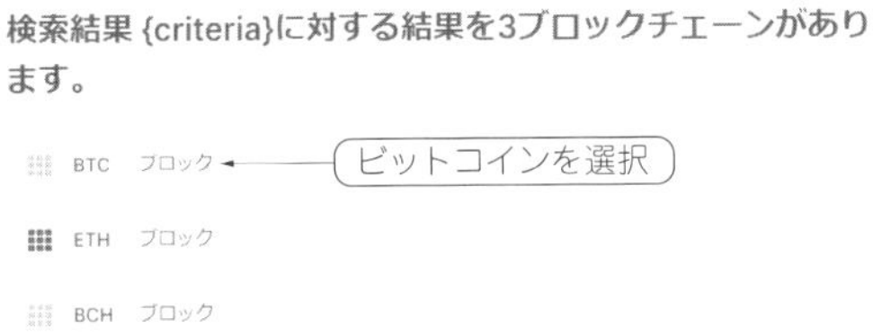

検索結果 {criteria}に対する結果を3ブロックチェーンがあります。

::: BTC　ブロック ◄────── ［ ビットコインを選択 ］

::: ETH　ブロック

::: BCH　ブロック

図8　該当ブロック番号を持つ仮想通貨が表示される

を見ることができます.

　ブロック・ヘッダでは, ブロックに関する情報(ハッシュ, タイム・スタンプ, マイナー(採掘者)名, トランザクション数, メルクル・ルート, サイズ, ノンス値など)を見ることができます.

● 取引履歴

　取引履歴(**図10**)では, ビットコインの移動を見ることができます. アカウント間の移動はトランザクションに表示されています. ハッシュの下に送金元先のアドレスとビットコイン数が表示されています. さらに詳しい情報を見るにはハッシュ値をクリックするとみられます.

図9　ビットコインの情報…ブロック・ヘッダ

● 他にもさまざまな情報を確認できる

　BLOCKCHAINにはビットコインチャート(https://www.blockchain.com/ja/charts)があり，通貨統計，ブロックの詳細，採掘情報，ネットワーク活動，ブロックチェーン・ウォレットAPIの活動を調べることができます．

■ その他のお勧めサイト

● 見ていて楽しいTxStreet

　TxStreet(https://txstreet.com/)でもトランザクションを可視化できます．ビットコイン(BTC)とビットコイン・キャッシュ(BCH)のブロックがバスに，トランザクションが乗客に見立てられています(**図11**)．

　リアルタイムにブロックの情報が更新されていき，ブロックが

トランザクション

ハッシュ	ff57c8a87f1cec37d3885d47e4c82fc6b5700fcab5fe...			2018-05-30 08:44
	コインベース（新たに生成されたコイン）	➡	1KFHE7w8BhaENAswwryaocc... OP_RETURN	12.58882449 BTC ⊕ 0.00000000 BTC
手数料	0.00000000 BTC (0.000 sat/B · 0.000 sat/WU · 277 bytes)			12.58882449 BTC

ハッシュ	3bf88b4aa0f8449d535eabe2f9b591cc8c58db53ab...			2018-05-30 08:44
	bc1qwqdg6squsna38e46795at... 0.02283774 BTC ⊕	➡	1ETRFGH7xURELHAAUj6agxD8... bc1qwqdg6squsna38e46795at...	0.01343500 BTC ⊕ 0.00850274 BTC ⊕
手数料	0.00090000 BTC (234.987 sat/B · 117.340 sat/WU · 383 bytes)			0.02193774 BTC

ハッシュ	5688c51b241770ff488eb1c425d608e9de0c25d4df...			2018-05-30 08:44
	1P4emTrnV0twsetZu7GnhBn64... 0.00783971 BTC ⊕ 1FEoCTohn63ctxxaBoGzywacz... 0.06003094 BTC ⊕ 1JXJMJJ6GGYqVPszz96oJkm... 0.23503660 BTC ⊕	➡	1HQnCeF31CHaR2LgeyVtMCQ...	0.30073645 BTC ⊕
手数料	0.00217080 BTC (445.749 sat/B · 111.437 sat/WU · 487 bytes)			0.30073645 BTC

このアドレスへ

このアドレスから

ハッシュ	0a5870ca949779a428f9d5cc553663e5a53af58dc...			2018-05-30 08:44
	15YaE9KVboHsDDUkgpoaiFxJZ... 0.08488876 BTC ⊕	➡	1KHokegzj5TvmX5ZkM58URtcQ... 1DD1UatY24UEUnE4BHU9Wec...	0.08374031 BTC ⊕ 0.00014845 BTC ⊕
手数料	0.00100000 BTC (442.478 sat/B · 110.619 sat/WU · 226 bytes)			0.08388876 BTC

ハッシュ	ff92e7143100e9a72b803006005ee604f8ff039f14f...			2018-05-30 08:44
	16wRUae7TJHZH8uBcgimgbW... 0.02969328 BTC ⊕	➡	1F3YFeQtFihrADRexmsWqC9xR... 1AK3tCPty9phszR8PeZEBXot49...	0.00789397 BTC ⊕ 0.02079931 BTC ⊕
手数料	0.00100000 BTC (442.478 sat/B · 110.619 sat/WU · 226 bytes)			0.02869328 BTC

図10 ビットコインの情報…取引履歴

マイニングされるとバスが発車します.

● 参加ノードをリアルタイムに把握できるBitnodes

Bitnodes(https://bitnodes.earn.com/)はビットコイン・ネットワークに参加しているノードをリアルタイムに確認

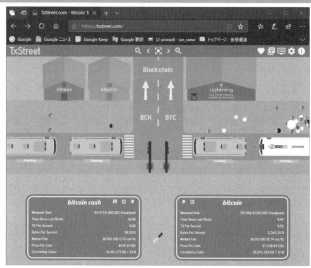

（a）トランザクションが乗客に見立てられている

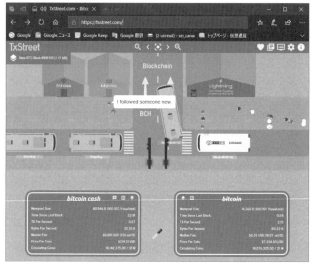

（b）ブロックがマイニングされるとバスが発車する

図11　見ていて楽しいTxStreet

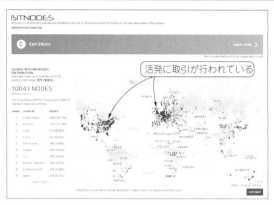

図12　参加ノードをリアルタイムに把握できる Bitnodes

できます(図12). IPアドレス, 国名や都市名を見ることができます. 米国や欧州が特に活発にビットコインを利用していることが見て取れます.

〈佐藤　聖〉

第4章

伝説のSatoshi Nakamoto論文

　ビットコインを提唱したSatoshi Nakamotoの論文はインターネットで以下のURLから入手できます．

Satoshi Nakamoto; Bitcoin: A Peer-to-Peer Electronic Cash System.

https://bitcoin.org/bitcoin.pdf

　ブロックチェーンを語るには，まずは上記論文をあたるべきでしょう．しかし，初めから本論文だけでブロックチェーンを理解することは難しいと思います．ここではその精神を理解するために概要を解説します．

　ビットコイン論文は，人に理解してもらうためのものというよりは，全てを理解した人が覚書のために本質をメモした文書であるような印象を受けます．システムを理解してから読み返すと，その含蓄ある内容を味わうことができると思います．

● 中央集権から「分散管理」へ

　ビットコインが従来の電子通貨と最も異なる点は，トランザクション・データを管理する中央集権が存在しないということです．即ちトランザクション・データを分散生成/処理/管理することによって世界中での流通を可能としました．これは中央集権システムの限界を突破することができなかった1990年代の電子通貨しか知らないものにとっては驚きのブレークスルーでした．

　1990年代後半，インターネットが一般消費者向けに商用化され，

編集部注：ノンス(nonce)の読み方について．ノンスともナンスとも言われます．特集ではノンスで統一しました．

電子商取引EC（Electronic Commerce）ブームが起きた際に，電子通貨を実現しようとする試みが世界中で行われました．筆者も渋谷でのEC実験プロジェクトに参加するなどしました．しかし，20世紀の終わりころには中央集権管理の壁に阻まれ，グローバルに流通する電子通貨は幻想ではないかという認識が広がり，21世紀に入ってからはそのような研究や試みは影を潜めたかのように見えました．その後，約10年の雌伏の時を経て，2008年に卒然と現れたビットコインは，かつて誰も成しえなかったグローバルに流通する電子通貨を実現してしまいました．

　ビットコイン論文の序章では，信頼できる第三者機関を必要としない，信頼ではなく暗号学的証明に基づいた電子支払いシステムの必要性を説きます．

What is needed is an electronic payment system based on crptographic proof instead of trust, allowing any two willing parties to transact directly with each other without the need for a trusted third party.

　その実現のためには電子通貨の二重使用を防がなければなりませんが，トランザクションの時系列順序の計算量的証明を生成するために，分散されたタイムスタンプ・サーバを用いる方法を提案するとあります．そのメカニズムをより詳しく見てみましょう．

　分散管理にもかかわらず，全てのデータを整合の取れたものとするためには，幾つかの仕掛けが必要です．まずは，おのおののトランザクション・データが正しいものであることを保証しなければなりません．

● 「電子署名」で取引データの正しさを保証

　トランザクション・データが正しいとはどういうことでしょうか．ビットコインのシステムが扱うトランザクション・データは，単純化された形では，あるビットコイン口座から別のビットコイ

ン口座へ何ビットコイン振り込むかというデータです。それはもちろん，振込元口座の持ち主が意図したものでなければなりません。それを保証するために用いられているのが電子署名の技術です。即ちトランザクション・データに振り込み元の口座の持ち主が電子署名を施すことによって，そのトランザクションは持ち主が意図したものであることを保証できます。論文2節「Transactions」を見てみると，冒頭に以下の記述があります。

We define an electronic coin as a chain of digital signatures. Each owner transfers the coin to the next by digitally signing a hash of the previous transaction and the public key of the next owner and adding these to the end of the coin. A payee can verify the signatures to verify the chain of ownership.

これらの関係は**図1**のように示されています。

● 2重使用などの取引の不整合を防ぐ

電子署名は個々のトランザクション・データの真正性を保証しますが，これだけでは全体の整合性を保証することはできません。

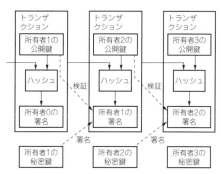

図1　トランザクション・データに振り込み元の口座の持ち主が電子署名を施すことによってそのトランザクションは持ち主が意図したものであることを保証する

例えば署名者に悪意がある場合，2重使用を防ぐことはできないのです．このためビットコインでは，トランザクション・データを全て公開し，相互監視することによって，2重使用を含むデータ不整合をチェックし，不整合のあるデータはブロックチェーン上に登録しないようにします．論文には以下の記述があります．

The only way to confirm the absence of a transaction is to be aware of all transactions. (中略) To accomplish this without a trusted party, transactions must be publicly announced, and we need a system for participants to agree on a single history of the order in which they were received.

● 「マイニング」で取引を承認する

トランザクション・データは約10分ごとに1つのブロックにまとめて管理されます．分散管理にすると複数のブロックが競合することがありますが，上述のようにビットコインはトランザクション・データを分散生成/処理/管理するにもかかわらず，最終的には一意のデータに収束します．その肝となるのは，採掘(マイニング)報酬による競争原理を導入したことであり，競争に勝ったブロックに含まれるトランザクション・データだけが有効であるというルールです．この原理については論文の4節「Proof of Work」に以下の記述があります．

The majority decision is represented by the longest chain, which has the greatest proof-of-work effort invested in it.

「proof-of-work」とは，直訳すると「働いたことの証明」であり，最も長いチェーンがそのために費やされた努力が最も大きいことを証明しており，多数決の結果を示しているという考え方です．

ここで問題となるのは，最も長いチェーンが有効なデータであ

るということは，途中で有効なデータが変わり得ることを意味しているということです．例えば途中で分岐して短くなったチェーンが後から盛り返して先頭のチェーンに追いつき追い越した場合には，後から最長となったデータが有効となります．厳密に言うとブロックチェーンのデータは確定しないのです．

● 一方向性ハッシュ関数を利用

ただし，チェーンが十分長くなれば，ビットコイン・ノードの過半数は正直なノードであるという仮定の元では，データは事実上変更・改ざん不可能なものとなります．あるブロックに含まれるトランザクション・データを改ざんした場合，それ以降の全てのブロックを作り直さなければなりません．論文には以下の記述があります．

> To modify a past block, an attacker would have to redo the proof-of-work of the block and all blocks after it and then catch up with and surpass the work of the honest nodes.

この原理を保証するためには，働いた仕事の量が保証できる（同じ結果を得るための近道はない）ような仕事でなければなりません．そのために（一方向性）ハッシュ関数が用いられています．

> For our timestamp network, we implement the proof-of-work by incrementing a nonce in the block until a value is found that gives the block's hash the required zero bits. Once the CPU effort has been expended to make it satisfy the proof-of-work, the block cannot be changed without redoing the work.

● マイニングとは「ノンス」を探すこと

図2のように各ブロックのハッシュ値は，次のブロックに登録

され，そのハッシュ値を含む次ブロックのハッシュ値が，さらにその次のブロックに登録されます．このようにブロックをチェーン状につなぐのがブロックチェーンの名前の由来です．ただし，このデータ構造は，Satoshi Nakamoto論文にも参考文献として挙げられている［HS91］において，タイムスタンプ・サービスのためのリンク・スキームとして既に使われていたものです．ハッシュ値は決められた数のゼロ・ビットを含まなければなりません．そのためにノンスと呼ばれる値を増加させながらハッシュ値計算を繰り返さなければなりません．

● マイニングする人には「報酬」が支払われる

　上に競争原理と書きましたが，競争を促すためには，競争をするための動機づけが必要です．それについては論文6節「Incentive」に以下の記述があります．

　By convention, the first transaction in a block is a special transaction that starts a new coin owned by the creator of the block. This adds an incentive for nodes to support the network, and provides a way to initially distribute coins into circulation, since there is no central authority to issue them.

　つまり，ブロックを作った人は新しいコインをもらうことができ，中央集権のないシステムにとって新しいコインを発行する機

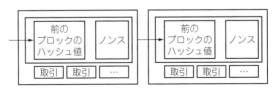

図2　各ブロックのハッシュ値は次のブロックに登録され，そのハッシュ値を含む次ブロックのハッシュ値がさらにその次のブロックに登録される

87

会にもなるということです．これがいわゆる採掘で得られるビットコインの報酬です．ちなみに本節には，ビットコインが発行上限に達すればインフレーションはなくなり，また，十分な計算資源を持っているものはそれを悪用してシステムと自分自身の富の価値を下げるよりは，正直にコインを採掘する方が得であるとの重要な記述もあります．

● 仮想通貨を現実の通貨に交換する取引所

現実の社会において仮想通貨を使うためには，それをどこかで現実の通貨に交換してくれるところがなければなりません．いわゆる仮想通貨取引所または仮想通貨交換所と呼ばれるところがその役割を担っています．ビットコイン論文にはそこまでは書いてありませんが，現実にビットコインの価値を認める人々が世界中にいて，市場原理によって取引が行われています．前述しましたように新しく発行されたビットコインは電子データに過ぎませんが，それに現実の価値が付与され高額で取引されている状況は，正に現代の錬金術と言えるでしょう．

〈小暮 淳〉

◆参考文献◆

(1)［HS91］．S. Haber, W. S. Stornetta; How to time-stamp a digital document, In Journal of Cryptology, vol. 3, no. 2, pp. 99-111, 1991.
https://www.anf.es/pdf/Haber_Stornetta.pdf

第5章

読み解くために必須の暗号技術入門

　本章では，ブロックチェーンで用いられる暗号技術に関して解説します．今やブロックチェーンにはさまざまな種類のものがありますが，もともとはビットコインの実現に用いられた技術の呼称です．そのため，ここでは元祖であるビットコインに用いられる暗号技術を主な対象とします．

　ブロックチェーン上で取引する際には，暗号技術の中身を知らなくても取引可能ではありますが，その原理や用いられる意義を理解することによって，セキュリティ上注意すべき点が明確になり，より安心・安全に取引を行うことができるでしょう[注1]．

■ ブロックチェーンで使われる暗号技術①…電子署名

● 公開鍵型を利用する

　電子署名の目的は，データの作成者と真正性を保証することです．公開鍵型電子署名の場合，秘密鍵を文書に署名する署名鍵として，公開鍵を電子署名を検証する検証鍵として使います．

　ビットコインの場合，所有するビットコインを次の所有者に対して送るというトランザクションが，「確かにそのビットコインの所有者，即ち署名鍵（秘密鍵）の所有者が意図するものであることを保証」します（**図1**）．

　電子署名は，署名鍵を知っている人にしか作ることのできないデータを，署名するデータに対して作ることによって，署名されたデータは署名鍵を知っている人が意図したものであり，かつ改

注1：セキュリティに絶対はないため，本章が暗号通貨取引の安全性を保証することはないことに気をつけてください．

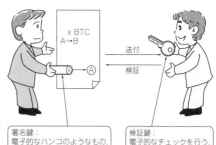

図1 公開鍵型電子署名
…秘密鍵を文書に署名
する署名鍵として，公開
鍵を電子署名を検証する
検証鍵として利用する

署名鍵：
電子的なハンコのようなもの．
秘密鍵ともいう

検証鍵：
電子的なチェックを行う．
公開鍵ともいう

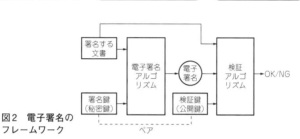

図2 電子署名の
フレームワーク

変されていないことを保証できるようになります．

電子署名の検証は署名鍵に対応する検証鍵（公開鍵）によって行うことができます．検証鍵は公開してよいものであるため，誰でも電子署名の正しさを検証できます．電子署名のフレームワークを図2に示します．

● Satoshi Nakamoto論文の重要な要素技術

ビットコインで実際に用いられている電子署名アルゴリズムはECDSA（Elliptic Curve Digital Signature Algorithm：楕円曲線電子署名アルゴリズム）というものです．

実はブロックチェーン（ビットコイン）の生みの親である「Satoshi Nakamoto論文（前章で解説）」には楕円曲線電子署名は登場しません．「電子コインを電子署名のチェーンにより定義する．コインの所有者は，次の人に前トランザクションと次の所有者の

公開鍵のハッシュに電子署名することによりコインを送り，これらをコインの最後に追加する」と書かれているだけです．

従って公開鍵型電子署名であれば，ビットコイン（トランザクション・データの保証）を実現するのに問題はないはずです．

■ 基礎技術「RSA署名」

● アルゴリズム

まず例としてRSA署名を取り上げます．直観的に理解しやすく，また，なぜ電子署名が暗号技術の範ちゅうに入るのかを示しているとみることもできるからです．基本的なRSA暗号のアルゴリズムを記述します．

▶ステップ1…鍵ペアを作る

鍵生成：素数p，qを選び，$N = p \times q$とします．

正の整数d，eで，$d \times e \equiv 1 \bmod (p-1) \times (q-1)$を満たすものを選びます．ただし，$\bmod L$は$L$で割った余りを意味します．

秘密鍵：d，公開鍵：(N, e)とします．

▶ステップ2…暗号化

暗号化：メッセージM（Mは$0 \leq M \leq N-1$を満たす整数）に対して，$C = M^e \bmod N$を暗号文とします．

▶ステップ3…復号

復号：暗号文Cが与えられたとき，

$C^d \bmod N$

を計算すると，それはMに一致します．

● 計算例

計算で，元に戻ることを確かめてみましょう．

▶ステップ1…鍵ペアを作る

$p = 17$，$q = 5$とした場合，$N = 85$です．$(p-1) \times (q-1) = 16 \times 4 = 64$ですから，$d = 5$，$e = 13$ととれば，$d \times e = 65 \equiv 1 \bmod 64$ ［=

$(p-1) \times (q-1)$］となります．従って，秘密鍵は5，公開鍵は(85, 13)とできます．

▶ステップ2…暗号化

$M=2$を暗号化してみましょう．都合の良いことに$2^8 = 256 \equiv 1 \bmod 85$となるので，暗号文は$C = 2^{13} \bmod 85 = 2^5 \bmod 85 = 32 \bmod 85$となります．

▶ステップ3…復号

復号処理は，$32^5 \bmod 85 = (2^5)^5 \bmod 85 = 2^{25} \bmod 85 = (2^8)^3 \times 2 \bmod 85 = 2 \bmod 85$となり，確かに$M=2$に戻ることが確認できました．2以外の$M$についても元に戻ることは，初等整数論によって証明できます．

● 暗号として成立する根拠

RSA暗号が暗号として成立するためには，暗号文Cから(秘密鍵dを知らずに)平文Mを求めることができないことを示さなければなりません．Nとeは公開されているので，もし$N = p \times q$と素因数分解することができれば，eと$(p-1) \times (q-1)$とから，拡張ユークリッド互除法により，秘密鍵dを簡単に求めることができます．

RSA暗号を利用する際には，既知の最も効率的な素因数分解法(一般数体ふるい法)を用いたとしても，現実的な計算機資源ではNを分解することが事実上不可能であるくらい大きなN(2048ビット程度)を用いることによって安全性を担保しています．

ただし，一般数体ふるい法以上に効率的な素因数分解法が存在しないことが論理的に証明されているわけではないので，ある日突然天才数学者や量子コンピュータによりRSA暗号が解読される可能性があります．そこで，量子コンピュータでも解読できない次世代公開鍵暗号の標準を制定しようというコンペティションが開始されています注2．暗号/セキュリティの追求に終わりはないのです．

● 暗号と署名の関係

さて，RSA暗号の場合，暗号化処理と復号処理は，きれいな対称性をなしています．そこでRSA暗号の秘密鍵を署名処理に使い，公開鍵を検証処理に使うことによって，署名スキームを実現できます．

入力として任意のメッセージMを適切なハッシュ関数H()を用いて，固定長の数値に変換するのです．$S = \mathrm{H}(M)^d \bmod N$を計算し，それを$M$に対する電子署名とします[注3]．

検証は，$S^e \bmod N$を計算し，それをH(M)と比較し，一致すればOK，そうでなければNGを出力します．(N, e)およびハッシュ関数H()は公開されているので，誰でも電子署名が秘密鍵dを持っている人により施されたものかどうかを検証できます（図3）．

■ 楕円曲線演算を試す

● あらまし

ビットコインで利用されている署名は楕円曲線署名 ECDSA です．

楕円曲線暗号とは，通常の暗号の演算を楕円曲線演算に置き換え，さらなる強化を図ったものです．暗号強度と，暗号/復号処理性能とは，トレードオフの環境にあり，楕円曲線暗号を用いるこ

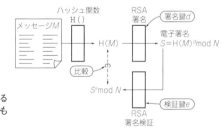

図3 検証鍵を用いると電子署名が本人のものか確認できる

注2：NIST Post-Quantum Cryptography.
https://csrc.nist.gov/Projects/Post-Quantum-Cryptography
注3：実際はもっと複雑.

とによって，強度が同じならより処理速度の速い暗号を実現でき，処理速度が同じならより強度の高い暗号を実現できると考えられます．なぜなら整数演算による暗号に対する解読法を，楕円曲線暗号にはそのまま適用できないからです．

● アルゴリズム

それでは楕円曲線演算とは何かを紹介しましょう．楕円曲線とは，$y^2 = (xの3次式)$で表される曲線であり，実数平面(x, y)上では図4のような曲線となります．

その上の2点間の演算（加法）の定義を幾何学的に描くと図5のようになります．即ち2点P, Qの和$P + Q$は，PとQとを結ぶ直線が曲線と交わる第3点（3次曲線なので直線とP, Q以外のもう1点で交わる）とx軸を挟んで対象の位置にある点として定義します．同じようにして点Rの2倍を定義するときは，Rにおける接線を考えればよいです．曲線：$y^2 = x^3 + ax + b$における，これらの計算は，以下のように点の座標で書くことができます．

$P = (x_1, y_1)$, $Q = (x_2, y_2)$

とすると，点$P + Q = (x_3, y_3)$の座標は，

$$x_3 = \lambda^2 - x_1 - x_2$$
$$y_3 = \lambda(x_1 - x_3) - y_1$$

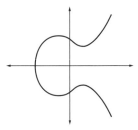

図4　楕円曲線は$y^2 = (xの3次$式$)$で表される曲線

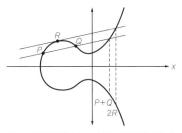

図5　楕円曲線上の2点間の演算（加法）を表す

ただし，$\lambda = \begin{cases} \dfrac{y_2 - y_1}{x_2 - x_1} & P \neq Q \text{の場合} \\ \dfrac{3x_1{}^2 + a}{2y_1} & P = Q \text{の場合} \end{cases}$ ··· (1)

式 (1) から，任意の整数 d に対して，点 P の d 倍の点 dP を求めることができます．楕円曲線暗号では，計算は実数ではなく，整数を素数 p で割った余りの集合（に通常の四則演算を入れた集合）である有限体（の一種）上で行います．曲線とその上の1点 G を固定し，整数 d を秘密鍵とし，点 dG を公開鍵とします（**図6**）．

● **計算例**

具体例を見てみましょう．$p = 13$，$y^2 = x^3 + 4x + 1$，$G = (9, 5)$ とします．G を3倍すると $3G = (5, 9)$ となることが確かめられます．$4G = (0, 12)$ です．さらに $3G$ を4倍，$4G$ を3倍すると，同じ $(12, 10)$ が得られます．これが実は公開鍵暗号による鍵共有方式の原理となっているのです（**図7**）．

*　　　*　　　*

整数上の署名方式である DSA（Digital Signature Algorithm）

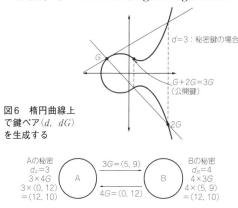

図6　楕円曲線上で鍵ペア (d, dG) を生成する

図7　楕円曲線上で鍵を共有する計算例

署名の演算を楕円曲線演算相当のものに置き替えた署名方式を ECDSA と呼んでいます．これらの詳細な仕様は米国の連邦情報処理標準 FIPS（Federal Information Processing Standards）186-4 にて定められています．

楕円曲線暗号・署名もやはり量子コンピュータなどの脅威に晒されており，前述の次世代公開鍵暗号コンペティションによってその後継を定めようという動きがあります．

■ ブロックチェーンで使われる暗号技術②…ハッシュ関数

● 任意長のメッセージから一意に決まる固定長の値

ビットコインにおいてブロックチェーンが事実上，改ざんできないことを保証するときに中心的な役割を果たしているのが一方向性ハッシュ関数です．

一般のハッシュ関数は任意長の入力メッセージに対して固定長のハッシュ値を出力する決定的関数であり，入力が異なれば，ハッシュ値も異なるものです（**図8**）[注4]．

大きな2つのファイルが同一であるかどうかを判定する際に，全てのデータを比較することは非効率的であるため，おのおのの

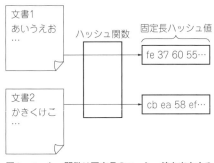

図8　ハッシュ関数は固定長のハッシュ値を出力する

注4：厳密には一致する確率がとても低い．

ハッシュ値を比較して効率化を図るといった用途に用いられます.

● 満たすべき3つの性質

　一方向性ハッシュ関数は, ブロック作成時に近道がないことを保証します. 即ち与えられたハッシュ値を持つような入力メッセージを求めることは(計算量的に)困難であるという性質を持つのです. 暗号で利用されるハッシュ関数H()は, 一方向性を含め, 次の3つの性質を満たしていなければなりません.

▶(H1)…衝突困難性

　$H(x) = H(y)$となるような(x, y)(ただしxとyとは異なる)を求めることが困難である.

▶(H2)…原像困難性(一方向性)

　与えられたハッシュ値hに対して$H(x) = h$となるようなxを求めることが困難である.

▶(H3)…第二原像困難性

　与えられたメッセージyに対して, $H(x) = H(y)$となるようなyと異なるxを求めることが困難である.

　暗号で利用するハッシュ関数は圧縮処理と撹拌処理を行い, これらの性能を満たすように設計されています.

● ハッシュ関数SHA-256

　ビットコインで利用しているハッシュ関数はSHA-256と呼ばれるものであり, その仕様は米国の連邦情報処理標準FIPS180-4にて定められています. その仕様の概略は以下の通りです(図9).

　①入力メッセージMをパディングし, N個の512ビット・メッセージ・ブロック$M^{(1)}$, $M^{(2)}$, …$M^{(N)}$に分割する.

　②中間ハッシュ値($i=1$の場合は初期設定したハッシュ値)とメッセージ・ブロック$M^{(i)}$とから, 次の中間ハッシュ値を計算する($i=1$からNまで繰り返す).

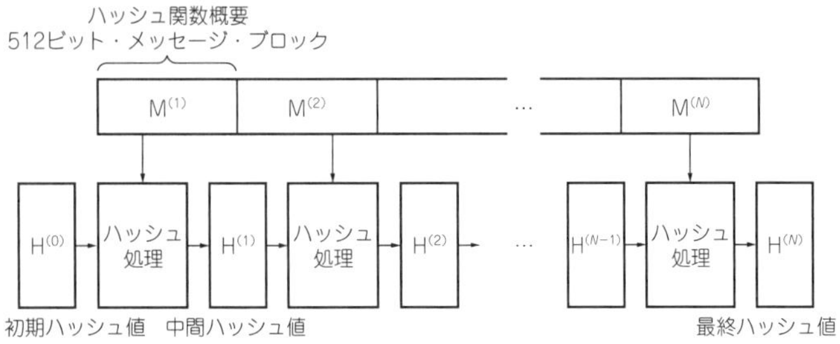

図9　SHA-256処理の概略

③最終的なハッシュ値を出力する.

　このような繰り返し構造は,Merkle-Damgård構造と呼ばれます.外側のハッシュ関数の衝突困難性が,内側のハッシュ処理の衝突困難性に帰着されるため,このような構造を用いています.

● ハッシュ値計算の流れ

　上記の処理によってハッシュ関数は,任意長の入力メッセージに対して,固定長のハッシュ値を出力できます.また,ハッシュ関数は入力が少しでも異なると出力が全く異なるように設計されています.つまりメッセージの局所的な違いが全体に伝搬されていくような構成となっています.

　以下にFIPS 180-4を元にアルゴリズムを提示します.

▶ステップ1…分割

　パディング処理はメッセージを512ビットごとに分割し,最後の64ビットにはメッセージ長を,その前には0を詰めます.

　このパディング処理によって任意長のメッセージを512ビットの倍数に揃えることができます.

▶ステップ2…初期ハッシュ値を与える

　初期ハッシュ値を下記のように与えます.

　これらの値はランダムに選んだことを示すために,初めの8つ

の素数の平方根の小数部分の初めの32ビットを採用しています.

$H_0^{(0)} = \texttt{6a09e667}$

$H_1^{(0)} = \texttt{bb67ae85}$

$H_2^{(0)} = \texttt{3c6ef372}$

$H_3^{(0)} = \texttt{a54ff53a}$

$H_4^{(0)} = \texttt{510e527f}$

$H_5^{(0)} = \texttt{9b05688c}$

$H_6^{(0)} = \texttt{1f83d9ab}$

$H_7^{(0)} = \texttt{5be0cd19}$

なお,以降で説明する数式の特殊記号の意味を先に示しておきます.

$Ch(x, y, z) = (x \wedge y) \oplus (\neg x \wedge z)$

$Maj(x, y, z) = (x \wedge y) \oplus (x \wedge z) \oplus (y \wedge z)$

$$\sum\nolimits_0^{|256|} (x) = \mathrm{ROT}R^2(x) \oplus \mathrm{ROT}R^{13}(x) \oplus \mathrm{ROT}R^{22}(x)$$

$$\sum\nolimits_1^{|256|} (x) = \mathrm{ROT}R^6(x) \oplus \mathrm{ROT}R^{11}(x) \oplus \mathrm{ROT}R^{25}(x)$$

$$\sigma_0^{|256|} (x) = \mathrm{ROT}R^7(x) \oplus \mathrm{ROT}R^{18}(x) \oplus \mathrm{SH}R^3(x)$$

$$\sigma_1^{|256|} (x) = \mathrm{ROT}R^{17}(x) \oplus \mathrm{ROT}R^{19}(x) \oplus \mathrm{SH}R^{10}(x)$$

ただし,ROTは回転,SHはシフト,$\oplus$はXORとする

これらの処理は,内部のハッシュ処理をARX(Addition/Rotation/Xor)型ブロック暗号に依存して構成するために,このような形になっています.

▶ステップ3…ハッシュ計算

分割したN個の各メッセージ・ブロックごとに以下の処理を行います.

・(1) メッセージ・スケジュール

まずは512ビットのメッセージ・ブロックを32ビット単位に区切り、回転/シフト/XOR/（2^{32}を法とした）加法などの演算を用いて2048ビットに拡張します。この処理をメッセージ・スケジュールと呼びます（**図10**）。

2, 7, 15, 16個前のワードを元に、上記演算により次のワードを作成します。

$$W_t = \begin{cases} M_t^{(i)} & 0 \leq t \leq 15 \\ \sigma_1^{|256|}(W_{t-2}) + W_{t-7} + \sigma_0^{|256|}(W_{t-15}) + W_{t-16} & 16 \leq t \leq 63 \end{cases}$$

・(2) ワーク変数の初期設定

8つのワーク変数$a \sim h$を下記のように設定します。

$a = H_0^{(i-1)}$

$b = H_1^{(i-1)}$

$c = H_2^{(i-1)}$

$d = H_3^{(i-1)}$

$e = H_4^{(i-1)}$

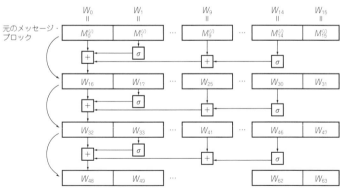

図10 メッセージ・スケジュール
分割した512ビットのメッセージ・ブロックを32ビット単位に区切り、回転、シフト、XOR、加法などの高速演算を用いて2048ビットに拡張

$$f = H_5^{(i-1)}$$

$$g = H_6^{(i-1)}$$

$$h = H_7^{(i-1)}$$

・(3) 繰り返し処理(図11)

各ワーク変数を1つずつずらします．図11中の4番目の d と8番目の h は，他の変数と定数 $K_t^{|256|}$ とメッセージ・ブロック W_t の影響を与えて更新します．この処理を各 W_t ごとに64回繰り返します．

For $t = 0$ to 63:

{

$$T_1 = h + \sum\nolimits_1^{|256|} (e) + Ch(e, f, g) + K_t^{|256|} + W_t$$

$$T_2 = \sum\nolimits_0^{|256|} (a) + Maj(a, b, c)$$

$h = g$

$g = f$

$f = e$

$e = d + T_1$

$d = c$

$c = b$

$b = a$

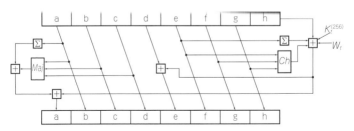

図11 繰り返し処理…各ワーク変数を1つずつずらす

101

$$a = T_1 + T_2$$

}

ただし，$K_t^{|256|}$ は以下の値です．これらの値はランダムに選んだことを示すために，初めの64個の素数の3乗根の小数部分の初めの32ビットを採用しています．

```
428a2f98 71374491 b5c0fbcf e9b5dba5 3956c25b 59f111f1 923f82a4 ab1c5ed5
d807aa98 12835b01 243185be 550c7dc3 72be5d74 80deb1fe 9bdc06a7 c19bf174
e49b69c1 efbe4786 0fc19dc6 240ca1cc 2de92c6f 4a7484aa 5cb0a9dc 76f988da
983e5152 a831c66d b00327c8 bf597fc7 c6e00bf3 d5a79147 06ca6351 14292967
27b70a85 2e1b2138 4d2c6dfc 53380d13 650a7354 766a0abb 81c2c92e 92722c85
a2bfe8a1 a81a664b c24b8b70 c76c51a3 d192e819 d6990624 f40e3585 106aa070
19a4c116 1e376c08 2748774c 34b0bcb5 391c0cb3 4ed8aa4a 5b9cca4f 682e6ff3
748f82ee 78a5636f 84c87814 8cc70208 90befffa a4506ceb bef9a3f7 c67178f2
```

・(4) ハッシュ値（中間・最終）出力

（3）で計算したワーク変数 a〜h を加えて，初期・中間ハッシュ値を更新します．

メッセージ・ブロック $M^{(N)}$ まで処理した結果が最終的なハッシュ値になります．

$$H_0^{(i)} = a + H_0^{(i-1)}$$
$$H_1^{(i)} = b + H_1^{(i-1)}$$
$$H_2^{(i)} = c + H_2^{(i-1)}$$
$$H_3^{(i)} = d + H_3^{(i-1)}$$
$$H_4^{(i)} = e + H_4^{(i-1)}$$
$$H_5^{(i)} = f + H_5^{(i-1)}$$
$$H_6^{(i)} = g + H_6^{(i-1)}$$
$$H_7^{(i)} = h + H_7^{(i-1)}$$

■ 今後の話

● 破られる可能性が残る

暗号で利用されるハッシュ関数は前述の性質（H1）〜（H3）を満たしていなければならないとされていますが，現実に利用されている暗号学的ハッシュ関数がこれらの性質を満たしていることが

論理的に証明されているわけではありません.

　各性質における困難という言葉の意味するところは，計算量的に困難であるということです.　SHA-256のハッシュ値は256ビットですが,それは,2の256乗回入力メッセージを変えてハッシュ値を計算すれば,与えられたハッシュ値を持つメッセージを見つけられる可能性が高いことを意味します.

　(H1)〜(H3)でいう困難とは,不可能という意味ではなく,上記のような総当たり法よりも(計算量的に)効率的な方法がないという意味です.　現実には,効率的な方法がないことを証明することは難しく,実際には,見つかっていない,または見つかっていても,現実的に実行可能な計算量ではないという状況です.

　従って将来を見越したときには,より安全なハッシュ関数が必要であり,そのためにSHA-3という次世代ハッシュ関数のコンペティションが行われ,標準が決定されました注5.　暗号・セキュリティの攻撃と防御のいたちごっこは永遠に続くのです.

〈小暮　淳〉

◆参考文献◆

(1)[FIPS180-4] FIPS 180-4, Secure Hash Standard (SHS), 08/2015
　　https://csrc.nist.gov/csrc/media/publications/fips/
　　180/4/final/documents/fips180-4-draft-aug2014.pdf
(2)[YS10] 安田完, 佐々木悠；暗号学的ハッシュ関数−安全神話の崩壊と新たなる
　　挑戦, 電子情報通信学会 基礎・境界ソサイエティ, Fundamentals Review Vol.
　　4 No. 1 pp. 57-67, 2010年7月.

知っておくと理解が早い
ビットコインの基礎知識

● ビットコインの実態は取引データの集合体

　まず初めにビットコインの実態について説明したいと思います．ビットコインの取引を行うためには，まず初めにウォレット・アプリを自身のPCまたはスマホ，タブレットに導入する必要があります．このウォレットに誰かからビットコインを送金してもらうと，ウォレット上に自身が所有するビットコインの量(単位はBTC)が表示されるようになります．

　このとき，ビットコインはどこにあるのでしょうか．実は取引されたビットコインは，利用者のウォレット同士で取引データが送受信されているのではありません．取引データはビットコイン・ネットワークと呼ばれる世界中にある何千台ものノードにブロードキャストされ，各ノードの中にある台帳に書き込まれます(図1)．

　この台帳に書かれた取引データこそがビットコインの実態なのです．全てのノードの台帳は常に同期されているため，ウォレットがどのノードに接続しても同じ取引データを参照でき，送金が

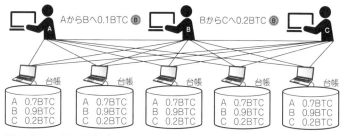

図1　全ての端末の台帳データは同期されている

行われるとそれを利用者は認識できます.

● 発行上限は 2100 万 BTC

　ビットコインには中央銀行のような管理組織はありません. このためマイニングで無限にビットコインが発行されると, ビットコイン自体の価値が低下するいわゆるインフレになります. コア開発者Satoshi Nakamotoはこれを予測し, 2100万BTCを発行上限とし, 半減期という仕組みで徐々に発行量を減らすプログラムを組み込みました. これは4年ごと(≒21万ブロックごと)にマイニング報酬額を半分に減らすというもので, 2140年ころに発行量はゼロとなるように作られています(図2).

● 参加者

　ビットコイン・ネットワークには特定の管理運営者や所有者はいません. 世界中の開発者がビットコイン・プログラムを開発し, さまざまな目的を持つ参加者がこのプログラムをコンピュータ上で稼働させてノードとなり, これをつなげあうことでネットワークが構築されています.

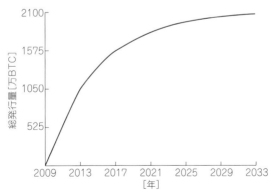

図2　ビットコインの発行量には上限がある

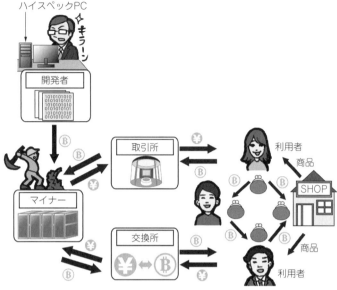

図3　ビットコインの参加者は大きく4タイプ

　この参加者は大きく4つに分類できます（図3）.

1, 利用者

2, 交換所, 取引所

3, マイナー（採掘者）

4, コア・プログラムの開発者

　マイナーはビットコインをマイニング（採掘）することを目的としています. ビットコイン・ネットワークはシステムの維持運営への協力に対する報奨金（マイニング報償と言う）をマイナーに発行します.

　マイナーはここで得たビットコインを通貨取引所や交換所を通じて, 個人の利用者との間で法定通貨と売買することで流通が行われます.

● お金の流れ

ブロックチェーン上でお金をやりとりする際には，次の操作が行われます（図4）．

1. ウォレット・アプリを操作することで，受信者のアドレスと送信者の秘密鍵で作成した署名を付与した「トランザクション」を生成し，ブロックチェーン・ネットワークへの参加端末（ノードAとする）に送信します．

2. ノードAはトランザクションの正常性を検証後，前のブロック生成後10分経過するとマイニングを開始します．

3. マイニングで正しいノンスを見つけたノードは，受信したトランザクションと自身へのマイニング報酬を示すトランザクションからブロックを生成し，自身の台帳に追加するとともに全ノードにブロックをブロードキャストで転送します．

4. 各ノードは受信したブロックの正常性を検証後，それぞれが持つ分散元帳の最後に書き込みます．

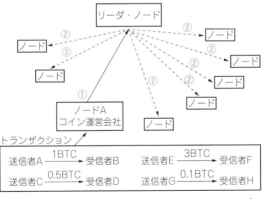

図4　ブロックチェーン上でデータがやりとりされたらリーダ・ノードが全ノードに通知する

107

● 台帳内に格納されているデータの中身

　マイニングにより台帳に書き込まれる主なデータは，マイナーによって選択された複数の取引データからなるブロックと，取引データから算出された利用者ごとの残高を示すUTXO（Unspent Transaction Output）注1 です．

　ブロックは複数のブロックで構成され，ビットコイン創生時に作成されたブロックから最新のブロックまでを作成順に追記する形で保存されます．個々のブロックは**表1**の要素で構成されています．

　ブロック・ヘッダには3つの主要なメタ・データが格納されています（**表2**）．

表1　ブロックの中身

フィールド名	サイズ ［バイト］	内　容
ブロック・ヘッダ	80	このブロックの内容物を示すさまざまなメタ・データ
ブロック・サイズ	4	ブロック・サイズ
取引カウンタ	1〜9(可変)	格納されている取引データの数
取引データ	可変	ビットコインの送受信データ

表2　ブロック・ヘッダの中身

フィールド名	サイズ ［バイト］	内　容
バージョン	4	利用しているビットコインのバージョン数
前のブロックのハッシュ値	32	前のブロック中のブロック・ヘッダのハッシュ値
マークル・ルート	32	格納している取引データのハッシュ値
タイム・スタンプ	4	ブロックが生成された大まかな時刻
ディフィカルティ	4	ブロック生成の難易度
ノンス	4	PoWの当たりくじ

注1：UTXOは取引データから生成されたchainstateと呼ばれるデータベースに保存されています．取引データを受け取った時に，送信者の残高と送金額の大小を比較することで，取引データの正誤検証に利用します．

108

▶前のブロック・ヘッダのハッシュ値

先頭の文字に連続したゼロが現れます．このハッシュ値を通じてブロックチェーンは原始のブロックから最新のブロックまでが数珠つなぎで関係付けが行われます．

▶マークル・ルート

ブロックに格納する取引データを多段階でハッシュしたものとなります．このマークル・ルート(Merkle Root)を通じて取引データとブロック・ヘッダの関係付けが行われます．

▶ノンス

ノンス(Nonce)はマイニング報酬を得るために行われるPoW(Proof of Works)の当たりくじです．これを含めたブロック・ヘッダから，次のブロックのハッシュ値(先頭の文字に連続したゼロを含むこと)を計算します．

● 取引データを含む新規ブロックの生成＆承認

マイナーがビットコインからマイニング報酬を得る仕組みがマイニングです．マイニングは10分ごとに行われ，これに参加したマイナーの中から，PoW(Proof of Work)と呼ばれる一種のくじ引きで当たりを引いたノードにマイニング報酬が発行され，同時に世界中で行われた複数の取引データがブロックとして台帳に書き込まれます．この処理の流れを以下に説明します(図5)．

1. 利用者が送金処理を行う．
2. 10分経過後，複数の送金履歴から幾つかの取引データをマイナーが選びます．
3. 取引データのハッシュ値を作成します．
4. 前のブロック・ヘッダ注2のハッシュ値と3で作成した取引データのハッシュ値にノンスと呼ばれるビットを組み

注2：前のブロック・ヘッダのハッシュと取引データのハッシュおよびノンスを合わせて現ブロックのブロック・ヘッダとします．

| From A to B 0.01BTC |
| 手数料：0.000003BTC |

| From C to D 0.02BTC |
| 手数料：0.000001BTC |

| From E to F 0.012BTC |
| 手数料：0.000001BTC |

（a）利用者が送金処理を行う

| From A to B 0.01BTC |
| 手数料：0.000003BTC |

| From C to D 0.02BTC |
| 手数料：0.000001BTC |

| From E to F 0.012BTC |
| 手数料：0.000001BTC |

（b）幾つかの取り引きデータをマイナーが選ぶ

| From A to B 0.01BTC |
| 手数料：0.000003BTC |

| From C to D 0.02BTC |
| 手数料：0.000001BTC |

| 取り引きデータのハッシュ |

2wadaeaf24k83kafiere

（c）取引データのハッシュ値を作成

| 取り引きデータのハッシュ |
| 前のブロックのハッシュ |
| ノンス(0x1) |

1de4geae83ga35mgq3ke

（d）次のブロックのハッシュ値を生成

| 取り引きデータのハッシュ |
| 前のブロックのハッシュ |
| ノンス(0xAB3DF267E) |

0000000ekci3aeba32vd

（e）ハッシュ値の先頭に一定のゼロが
並ぶまで計算し直し

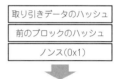

台帳

新規

（f）ブロック情報を書き込む

ノンス発見 !!

（g）選択した取引データと発見した
ノンスを全ノードに通知

追加 追加 追加 追加

（h）他ノードではノンスを検算し
自分の台帳にブロックを追加

図5　取引データを含む新規ブロックの生成＆承認の流れ

合わせ，ハッシュ関数にかけることでハッシュ値を作成します．

5. ハッシュの先頭部に決められた数のゼロ並びが現れるまで4を繰り返します．

6. 2で選択した取引データに自分宛てのマイニング報酬と取引データに含まれる手数料を加え，自身の台帳にブロック・ヘッダと取引データからなるブロック情報を書き込みます．

7. 他ノードに対し，選択した取引データと発見したノンスをブロードキャストします．

8. 受信したノードは7の情報よりハッシュ値を取ることでゼロ並びが出現することを確認し，正しいノンスであると判定すると，ブロックを生成し自身の台帳に追加します．

● ノード同士の通知＆検証

ビットコインのノードには目的別にさまざまなものがあります．この中で代表的なノードを紹介します（**表3**，**図6**）．

SPV（Simplified Payment Verification）ノードは，ビットコイ

表3　ノードごとの機能の違い

項　目	SPVノード	マイニング・ノード	フル・ノード
ルーティング機能	○	○	○
マイニング機能	×	○	○
ウォレット機能	○	×	○
フルチェーン機能	×	○	○
必要なハードウェア	一般的なPCやスマホ	GPUやASICを搭載した高性能コンピュータ	500Gバイト以上のディスク容量を持つコンピュータ

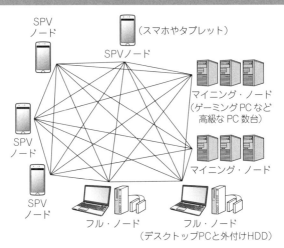

SPV
ノード

（スマホやタブレット）

SPVノード

マイニング・ノード
（ゲーミングPCなど
高級なPC数台）

SPV
ノード

マイニング・ノード

SPV
ノード

フル・ノード　　　フル・ノード
（デスクトップPCと外付けHDD）

図6　ノードのタイプには大きく3つある

ン利用者のインターフェースとなるノードです．スマホやPCに
ウォレット・アプリを入れることでこのノードになります．利用
者の入力した取引データの正当性検証を行い，これをビットコイ
ン・ネットワークに送信します．

　マイニング・ノードはその名の通りマイニング報酬を得ること
を目的とし，マイニングを行うノードです．新規ブロックを生成
するため，現在ではGPUやASICといった超高速並列計算が可能
なハードウェア上で実行します．

　フル・ノードはビットコイン・ネットワークの維持運営で中心
的な役割を持つノードで，原始以来の全てのブロックチェーンを
保存しています．このノードの目的は，全ての取引データの正当
性検証と二重払いデータの検証を行います．

　利用者がウォレット（SPVノード）を使ってビットコインを誰
かに送金すると，ビットコイン・ネットワークに取引データがブ
ロードキャストされ，フルノードやマイニング・ノードがこれを
受信し，正当性検証を実施します．PoWが始まりブロックを書き

込む権利を得たマイニング・ノードは，自身が生成したブロックをブロードキャストでネットワークに通知し，全ノードがこれを受信します．正当性検証を実施後に自身の台帳にブロックを追記し，chainstate（取引データから生成されたデータベース）内のUTXOを更新します． 〈おがわ　てつお〉

ラズパイで
動かして合点

```
In [22]: from PIL import Image
         import matplotlib.pyplot as plt
         import numpy as np
         %matplotlib inline
         im = Image.open("./merklegraph.png")
         im_list = np.asarray(im)
         plt.figure(figsize=(100,80))
         plt.imshow(im_list)
         plt.show()
```

マールクルートのノードのハッシュ値を確認

```
In [23]: print("root:", mt.get_merkle_root())

         root: 7a69c6e3c6ef9f542fe78adf7ec01fa4
```

ラズパイで動かして合点

Appendix 1

体験プログラムの準備

第1章ではブロックチェーンの要素技術を，Python電子ノート Jupyter Notebookを動かしながら体験します．

そのための準備として，ここではラズベリー・パイ用のイメージ・ファイルの書き込み方法を解説します．

● 書き込むデータの入手

イメージ・ファイル「Interface201808_RPi.img」の入手先は以下から案内します．

```
https://www.cqpub.co.jp/interface/
download/contents.htm
```

● 書き込みツールの入手

Etcherをダウンロードします．

```
https://etcher.io/
```

筆者のPCは64ビット版のWindows 10ですので，インストーラ形式ファイル(balenaEtcher-Portble-1.5.59.exe)をダウンロードしました(**図1**)．インストールが完了するとデスクトップにレコードのようなアイコンができます(**図2**)．

● microSDカードへの書き込み

Etcherアイコンをダブル・クリックすると，**図3**のようなウィ

(OSを選択してダウンロード)

図1 Etcherをダウンロードする

図2 Etcherのデスクトップ・アイコン

ディスク・イメージを選択

microSDカードを選択

書き込み開始

図3 EtcherでmicroSDにディスク・イメージを書き込む

ンドウが表示されます．使い方を簡単に説明すると最初に
「Select Image」ボタンでmicroSDカードに書き込むディスク・
イメージを選択し，真ん中の「Select drive」ボタンでmicroSD
カードを選択して最後に「Flash！」ボタンを押すと書き込みが開
始されます．

　ここでは試しにRaspbianのイメージをmicroSDカードに書き
込んでみます．「Select Image」ボタンをクリックするとエクスプ
ローラが開きます．Raspbianのイメージ・ファイルを選択して
「開く」ボタンをクリックします（図4）．

　すると最初の画面に戻り，一番左のアイコンの下にファイル名
とサイズが表示されます．中央のアイコンの「Select drive」ボタ
ンが青色に変わり選択できるようになります．microSDカードを
PCに挿して「Select drive」ボタンをクリックします．もし
Echterの起動前にmicroSDカードをPCに挿していたら最初から
選ばれているはずです．

117

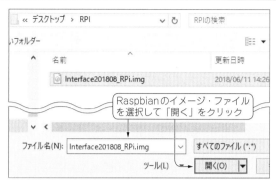

図4 筆者提供のブロックチェーン体験用Raspbianのイメージ・ファイルを選択する

図5 書き込み先のSDカードを選択する

「Select a Drive」ウィンドウが表示されるので，イメージを書き込みたいmicroSDカードを選択して「Continue」ボタンをクリックします（**図5**）．　　　　　　　　　　　　　〈佐藤 聖〉

第1章

Jupyter Notebookで
ステップ・バイ・ステップ

■ 試す準備

第2部 Appendix1のように，Jupyter Notebookの実行プログラムを格納してあるイメージ・ファイル「Interface201808_RPi.img」を用意します．

ラズベリー・パイが立ち上がったら，コマンド・プロンプトから以下の4つのコマンドを実行してライブラリをインストールします．

```
$ sudo apt-get update && sudo apt-get
upgrade↵
$ pip3 install graphviz↵
$ pip3 install merkletools↵
$ sudo reboot↵
```

ラズベリー・パイ上のウェブ・ブラウザで「http://192.168.0.108:8888/tree」[注1]にアクセスして，パスワード「interface」を入力してログインします．

IF201808フォルダ配下に「2章.ipynb」が見えるのでクリックします．

■ 体験1…ハッシュ値の計算

ハッシュ値を理解するには実際に計算してみるのがよいと思います．ビットコインを利用するためのオープンソース・ソフトウ

注1：接続できないときは，http://localhost:8888/treeで試してください．または，ブラウザのブックマークのJupyter Notebookで接続できます．

ェア に Bitcoin Core（GitHub：bitcoin/bitcoin, `https://` `github.com/bitcoin/bitcoin`）があります．これを利用すれば実際に取引されている取引データやブロックを使って調べることができます．ビットコインではさまざまな情報からハッシュ値を算出して利用しているので，ここではハッシュ値の計算だけでなく特徴を見てみます．

IPythonやJupyter NotebookでSHA-256アルゴリズムを使ってハッシュ値を計算してみます．2章.ipynbのプログラムを実行するとハッシュ値の計算を体験できます．実際に手を動かしてプログラムを実行してみることでハッシュ関数の特徴を体感でき，Bitcoin Coreなどのツールを使うようになっても理解が深まると思います．

なお，Jupyter Notebookの使い方はAppendix2で紹介します．

● ライブラリの読み込み，関数宣言

In[1]は，ハッシュ値計算用ライブラリを読み込んでおり，In[2]でtext2hash関数を宣言しています．独自の関数を用意しておけば繰り返しハッシュ値を計算するのが簡単になります．

```
In [1]
import hashlib
In [2]
def text2hash(mytext):
    hash_object = hashlib.sha256(mytext.encode())
    print("HASH:    " + hash_object.hexdigest())
    print("LETTERS: " + str(len(hash_object.hexdigest())))
```

● ハッシュ値の出力

データ長にかかわらず64桁のハッシュ値が出力されることを確認してみます．In[3]～In[5]では，データとしてa, ab, abcをtext2hash関数に渡して，ハッシュ値を計算しています．

出力は「HASH:」で始まる行がハッシュ値，「LETTERS:」で始まる行がハッシュ値の文字列の長さです．実行結果はいずれも

64桁のハッシュ値が表示されました.

皆さんのPCで同じプログラムを実行すると同じハッシュ値が計算されますので試してみてください. 関数に任意の長さのデータ(文字, 数字, 記号の組み合わせでもよい)を渡すだけです. ハッシュ関数アルゴリズムとデータが同じなら同一のハッシュ値が得られることが確認できるはずです.

```
In [3]
text2hash("a")
Out [3]
HASH:    ca978112ca1bbdcafac231b39a23dc4da786eff8147c4e72b9807785
af
ee48bb
LETTERS: 64
In [4]
text2hash("ab")
Out [4]
HASH:    fb8e20fc2e4c3f248c60c39bd652f3c1347298bb977b8b4d590
3b85055
620603
LETTERS: 64
In [5]
text2hash("abc")
Out [5]
HASH:    ba7816bf8f01cfea414140de5dae2223b00361a396177a9cb410ff61
f20015ad
LETTERS: 64
```

● ハッシュ値の出力2…1文字変えてみる

次にデータ量が多い場合に, 1文字だけを変更してハッシュ関数で計算するとハッシュ値が本当に変化するか確認してみましょう. In[6]~In[7]を用意して実行してみます. In[6]はデータの最終文字が「c」ですがIn[7]では「0」に変えてあります.

実行するとデータがたった1文字違うだけで, 算出されるハッシュ値が大きく異なることが分かります. このように一部のデータが変わっただけでもハッシュ値が変化し, データの改ざんを簡単に検出できます. ブロックチェーンにはハッシュ関数が信頼性の向上に大きく貢献しています.

```
In [6]
text2hash("abcabcabcabcabcabc")
Out [6]
HASH:    916f4626f2d02e07085873c17f8115790840519094e94114b706573c
9749331f
LETTERS: 64
In [7]
text2hash("abcabcabcabcabcab0")
Out [7]
HASH:    ed1a5a15e462296479d13c0ff1efde93f699bb2a288038b1f705ce4f
7df5327c
LETTERS: 64                              ┌──────────┐
                                         │ 1文字変えた │
                                         └──────────┘
```

▶やってみよう問題

任意の300文字以上の文字列(改行のない日本語の文章でも大丈夫)を使って, 1文字だけが違う場合には本当にハッシュ値が異なるか, ハッシュ値の長さが一緒か確認してみましょう.

■ 体験2…取引履歴ツリーのルート・ハッシュ値の算出

マークル・ツリーのルート・ハッシュ値を求めます. マークル・ツリーのルート・ハッシュは, 1ブロックに数百から数千の取引履歴を格納しても, どんな取引の中身でも効率的に検証することが可能となります. また, 個々の取引履歴のハッシュ値をそのまま格納しようとすると膨大なデータ量になってしまいますが, マークル・ツリーのルート・ハッシュだけを格納すれば, 容量を大幅に削減できます.

● 利用するPythonライブラリの主な機能

マークル・ツリーを作ってみます. Pythonのmerkletoolsライブラリ注1によって簡単にハッシュ木を作ることができます. ライブラリは

$ pip install merkletools

でインストールできます. 主な機能を以下に示します.

注1: https://github.com/Tierion/pymerkletools

表1 merkletoolsライブラリのメソッド一覧

メソッド	説 明
add_leaf(value, do_hash)	ツリーにリーフまたはリーフのリストとして値を追加する．文字列を値として渡す場合にはdo_hashオプションにTrueを指定する
get_leaf_count()	ツリーに現在追加されている葉の数を返す
get_leaf(index)	指定されたインデックスにあるリーフの値を16進文字列として返す
reset_tree()	ツリーから全ての葉を削除し，新しいツリーの作成を開始する準備をする
make_tree()	追加された葉を使ってマークル・ツリーを生成する
is_ready	ツリーが構築されてルートとプルーフを供給する準備ができているかどうかを示すブール値のプロパティ
get_merkle_root()	ツリーのマークル・ルートを16進文字列として返す
get_proof(index)	指定されたインデックスでのリーフのハッシュ・オブジェクトの配列としての証拠を返す
validate_proof(proof, target_hash, merkle_root)	証明が有効でtarget_hash(ハッシュ値)とmerkle_root(マークル・ルート)が正しく接続されているかどうかを検証して結果をブール値(True / False)で返す

- マークル・ツリーの作成
- マークル証明の生成
- マークル証明の検証

ライブラリには**表1**のようなメソッドが用意されています．
merkletoolsライブラリを使って以下の取引をハッシュ値にして，
最終的にマークル・ルート(全取引履歴のハッシュ値)を算出して
みます．

　＊＊取引履歴一覧＊＊

　Aさん → Bさん 1BTC

　Cさん → Dさん 1.4BTC

　Eさん → Fさん 0.8BTC

　Gさん → Hさん　4.1BTC

● ツリーの作成

Jupyter Notebookで**In[8]**〜**In[12]**を実行すると，マークル・ツリーが作成されます．**In[10]**ではリストを変数leaviesに格納していますが，リストの文字列は取引データ(トランザクション・データ)に見立てています．これらの文字列からハッシュ値を作成し，**図1**のように全取引履歴のハッシュ値(マークル・ルートのハッシュ値)までを算出しています．

```
In [8]
import merkletools as mk
In [9]
mt = mk.MerkleTools(hash_type="md5")
In [10]
leavies = ["A → B 1BTC", "C → D 1.4BTC", "E → F 0.8BTC", "G → H
4.1BTC"]
In [11]
mt.add_leaf(leavies, True)
In [12]
mt.make_tree()
```

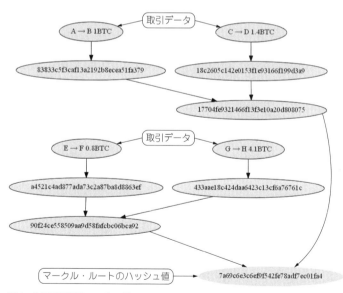

図1　全取引履歴のハッシュ値

● マークル・ツリーのグラフを作成する

次にPython3のGraphvizライブラリ[注2]で，マークル・ツリーのグラフを作成します．このライブラリは木構造を描画するのに特化しており，DOT言語というグラフ記述言語のスクリプトも用意されています．グラフ構造を描画するライブラリとしてはnetworkxの方が有名ですが，状態遷移図や木構造の描画はGraphvizの方が簡単に扱えます．また，今回は単純なグラフなのでGraphvizライブラリのDOT言語は使用しません．

Linux系OSでは，

```
$ pip install graphviz
```

でインストールできます．

Windowsは，ダウンロード・ページ[注3]からStable 2.38 Windows install packages[注4]からインストーラをダウンロードしてインストールできます．graphvizフォルダ配下にbinフォルダが作成されるのWindowsでは環境変数のPATHに「C:¥Program Files (x86)¥Graphviz2.38¥bin」[注5]を追加します．

次のプログラムを実行するとマークル・ツリーのグラフを出力します．グラフはpngファイル(D:¥merklegraph.png)として生成されます．graphvizライブラリを読み込み(In[13])，グラフ作成と出力ファイルのフォーマット指定(In[14])，追加するノードの形などのスタイルを指定(In[15])，木構造に設定する取引データの数を変数leaviesに格納(In[16])します．

In[17]で枝(エッジ)と葉(ノード群)を追加します．ノード追加はedgeメソッドで取引データ，そのハッシュ値，2つのハッシュ値から算出したハッシュ値，マークル・ツリーのルート・ハッシュ値の順番になるよう指定しました．マークル・ツリーの頂点

注2：https://www.graphviz.org/
注3：https://www.graphviz.org/download/
注4：数字は執筆時点のバージョン番号．
注5：インストール・ディレクトリを指定してください．

のノードはピンク色を指定して追加(In[18]), グラフをファイル
に出力(In[19])し, 出力されるとOut[19]のように出力先が表示
されます.

```
In [13]
from graphviz import Digraph
In [14]
g = Digraph(format="png")
In [15]
g.attr("node", style="filled")
In [16]
leaves = mt.get_leaf_count()
In [17]
for i in range(0, leaves):
    leaf = mt.get_proof(i)
    key_0= list(leaf[0].keys())
    key_1= list(leaf[1].keys())
    g.edge(leavies[i], mt.get_leaf(i))
    g.edge(mt.get_leaf(i), leaf[1][key_1[0]])
    g.edge(leaf[1][key_1[0]], mt.get_merkle_root())
In [18]
g.node(mt.get_merkle_root(), color="pink")
In [19]
g.render("./merklegraph")
Out [19]
'./merklegraph.png'
```

● マークル・ルートのノードのハッシュ値を確認してみる

　マークル・ツリーを使って特定の取引データが改ざんされてい
ないかを確認することがあります. ここでは, 1つ1つの取引デー
タの, マークル・ツリー内での整合性を確認します. 通常はマイ
ニングで生成されたブロックの検証をブロックチェーンを持つノ
ードがそれぞれ自動的に処理されていますが, 手作業でノードか
らマークル・ルートまでの整合性を確認してその仕組みを体験し
てみます. この確認によってマークル・ルートの値のみ比較する
ことでブロックに含まれる取引に改ざんがあることを検知できる
か検証してみます.ハッシュ関数の演算にSHA265を利用すると
ハッシュ値が64ビット長になり確認の際に比較しづらいので,
今回はハッシュ値が短いmd5を利用します.

　作成したグラフ(図1)からマークル・ツリーの全体構造を確認

してみると，

1段目：4つの取引データに見立てた文字列

2段目：ハッシュ関数で文字列から算出したハッシュ値

3段目：2つのハッシュ値から算出したハッシュ値

4段目：マークル・ルートのハッシュ値

が表示されています．マークル・ルートのハッシュ値を In[21] コマンドで確認して，グラフ（**図1**）と一致しているか確認します．同じハッシュ値ならば問題ありません．

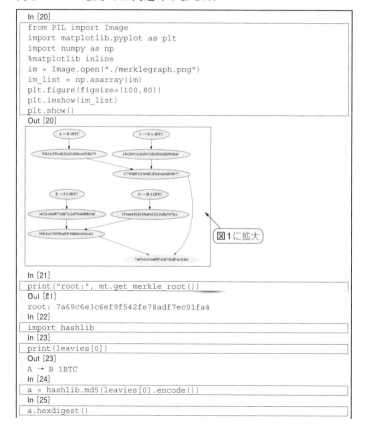

```
In [20]
from PIL import Image
import matplotlib.pyplot as plt
import numpy as np
%matplotlib inline
im = Image.open("./merklegraph.png")
im_list = np.asarray(im)
plt.figure(figsize=(100,80))
plt.imshow(im_list)
plt.show()
```

Out [20]

図1に拡大

```
In [21]
print("root:", mt.get_merkle_root())
```

Out [21]
root: 7a69c6e3c6ef9f542fe78adf7ec01fa4

```
In [22]
import hashlib
```

```
In [23]
print(leavies[0])
```

Out [23]
A → B 1BTC

```
In [24]
a = hashlib.md5(leavies[0].encode())
```

```
In [25]
a.hexdigest()
```

127

```
Out [25]
'83833c5f3caf13a2192b8ecea51fa379'
In [26]
print(mt.get_leaf(0))
Out [26]
83833c5f3caf13a2192b8ecea51fa379
In [27]
print(leavies[1])
Out [27]
C → D 1.4BTC
```

● 取引データからマークル・ルート側へ正しくハッシュ値が接続されているか

取引データからマークル・ルート側へ正しくハッシュ値が接続されているかマークル・パスを検証してみます.「Aさん → Bさん 1BTC」の取引データとハッシュ値のつながりは,図1で上から1段目が取引データ,2段目が取引データのハッシュ値になります.先ほど紹介したhashlibライブラリを使って改めてハッシュ値が正しく算出されているかも併せて確認します.

検証の手順はライブラリの読み込み(In[22]),リストleaviesの最初(インデックス番号0)の値[取引データに見立てた文字列リストの0番目(先頭)の要素]を確認(In[23]),md5アルゴリズムで文字列からハッシュ値を算出(In[24]),ハッシュ値を16進数で表示(In[25])します.このハッシュ値とマークル・ツリーを作成した際のハッシュ値を表示(In[26])します.In[25]とIn[26]のハッシュ値が一致しているので計算が間違っていないことが確認できました.ビットコイン・ネットワークの各ノードでマイニングされたブロックを検証する際にこのようなマイナー・ノードで計算された結果が正しいかどうか検証します.

● 前項と同じ方法で「Cさん → Dさん 1.4BTC」を確認する

図1では,「Aさん → Bさん 1BTC」の取引データから算出したハッシュ値は,「Cさん → Dさん 1.4BTC」の取引データのハ

ッシュ値と合わせてハッシュ関数でハッシュ値(図の上から2段目)が算出されています. ここでも同じように取引データの値とそのハッシュ値を確認します.「Cさん → Dさん 1.4BTC」のハッシュ値を確認(In[28])できました.

```
In [28]
print(mt.get_leaf(1))
Out [28]
18c2605c142e0153f1e93166f199d3a9
```

▶やってみよう問題

「Gさん → Hさん 4.1BTC」の取引データのハッシュ値を確認してみましょう.

■ 体験3…全ハッシュ値の検証

ここでは,取引データからマークル・ルートまでのノードのハッシュ値が全て一致していることを確認します.

ここでやるような検証は,マイニングだけでなく,基本的に取引データを参照するたびに行われます. 軽量ノードやフル・ノードでも,取引データやハッシュ値を計算してツリーの構造が正しいことを検証して改ざんがないかを検証し,そこから次の取引データを準備して,マイニングされると新規ブロックに組み込まれます.

検証にはmerkletoolsライブラリのget_proofメソッドを使います. このメソッドは指定されたインデックスにある葉(ノード)の証明としてハッシュ・オブジェクトの配列を返します. もし葉(ノード)が存在しない場合はnull値が返されます.

● 取引データ1…「Aさん → Bさん 1BTC」

「Aさん → Bさん 1BTC」の取引データの視点から検証してみます. この取引データ(A → B 1BTC)のハッシュ値は83833c5f3caf13a2192b8ecea51fa379でした. また取引データ(C

→ D 1.4BTC)のハッシュ値は18c2605c142e0153f1e9316
6f199d3a9であったことは確認済みです.

Aさんの取引は**リスト**leaviesの最初(インデックス番号0)
でしたので,このメソッドでも同じインデックス番号を指定して
In[29]のようにコマンドを実行するとリスト(ハッシュ・オブジ
ェクトの配列)が出力されます.

リストの構造は,取引データ(A → B 1BTC)のハッシュ値と同
列右側の取引データ(C → D 1.4BTC)のハッシュ値(18c2605c
142e0153f1e93166f199d3a9)があります.リストの2番
目の要素として,取引データから算出された2つのハッシュ値を
元にハッシュ関数で算出されたハッシュ値(17704fe9321466
f13f3e10a20d808075)があります.図と見比べながら確認
すると分かりやすいと思います.ハッシュ値が一致していればこ
のブロックに含まれる取引であったと分かります.もし取引デー
タ(C → D 1.4BTC)が改ざんされていたら,いずれのハッシュ値
も異なります.

```
In [29]
print(mt.get_proof(0))
Out [29]
[{'right': '18c2605c142e0153f1e93166f199d3a9'}, {'right':
'17704fe9321466f13f3e10a20d808075'}]
```

● **取引データ2**… 「Cさん → Dさん 1.4BTC」

次に取引データ(C → D 1.4BTC)の視点で検証してみます.**In**
[30]のコマンドでリストの1番目の要素が取引データ(A → B
1BTC)のハッシュ値であることが確認できます.2番目の要素で
は先ほどと同じで2つの取引データのハッシュ値から算出された
ハッシュ値が表示されました.このように正しくハッシュ値が接
続していることが確認できました.仕組みは非常に簡単ですがハ
ッシュ値でツリー構造を作り,マークル・パスを検証してみまし
た.他の取引を加えてツリー構造を大きくしていくことで,たく

さんの取引データを1つのマークル・ツリーにまとめ上げられます. 検証はここまでで見てきた方法でマークル・ツリーに含まれる取引データなのかを検証することができます. つまりマークル・ツリーに含まれる全ての取引データがなくても検証できるため, 検証したい取引に関連した取引データがあれば検証可能です.

```
In [30]
print(mt.get_proof(1))
Out [30]
[{'left': '83833c5f3caf13a2192b8ecea51fa379'}, {'right': '17704fe
9321466f13f3e10a20d808075'}]
```

▶やってみよう問題

「Eさん → Fさん 0.8BTC」と, 「Gさん → Hさん 4.1BTC」の取引も正しく接続されているか検証してみましょう.

■ 体験4…今回の取引データが履歴ツリーにちゃんとつながっているかの検証

取引データ(C → D 1.4BTC)からマークル・ルートまで正しくマークル・パスが接続されているか検証してみます. In[31]のコマンドで葉(ノード)のハッシュ・オブジェクトの配列, 取引データとマークル・ルートのハッシュ値を使って, 正しい接続であるかを確認しています. 結果はTrueでしたので正しいことが検証できました.

もし接続が正しくなければFalseが返ってくるはずです. In[32]のコマンドでは葉(ノード)を取引データ(C → D 1.4BTC)から取引データ(A → B 1BTC)に変更するには, get_leafメソッドにインデックス番号を1から0に変更するだけです. 結果は葉(ノード)と枝(エッジ)のつながりが正しくないためFalseになりました.

```
In [31]
print(mt.validate_proof(mt.get_proof(1), mt.get_leaf(1), mt.
get_merkle_root()))
Out [31]
```

131

```
True
In [32]
print(mt.validate_proof(mt.get_proof(1), mt.get_leaf(0), mt.
get_merkle_root()))
Out [32]
False
```

▶やってみよう問題

「Eさん → Fさん 0.8BTC」の取引データからマークル・ルートまでの接続の正しさを検証してみましょう.

■ 体験5…新規台帳の作成・マイニング

● 先頭4文字が0になるハッシュ値を見つける

ハッシュ関数で文字列からハッシュ値を算出できますが, ビットコインのように先頭16文字[注1]が0のようなハッシュ値があり得るのかよく分からないと思います.

64ビットのハッシュ値から先頭16文字が0のようなハッシュ値を見つけるには, 膨大な計算量になってしまうので, いつになったら終わるか分かりません. そこでラズベリー・パイで取引履歴の文字列とノンス値を使って, 先頭4文字が0になるハッシュ値を見つける模擬実験を行います. 理論上, 正解の範囲は16進数の0〜fが60桁並んだ値の範囲になり, これより大きなハッシュ値は不正解となります.

● ハッシュ値を100万回計算してみる

IF201808フォルダ配下に「正解のナンス値を見つける実験.ipynb」が見えるのでクリックします. In[1]にライブラリの読み込み, 変数transaction1に取引履歴データ("A" → "B" 1BTC)を入力, text2hash関数を宣言します.

関数は取引履歴とノンス値(mynonce)を使って, ハッシュ関数(sha256)を利用してハッシュ値(hash_object)を格納します. match関数でハッシュ値の先頭4文字が0であるかチェック

して該当すればノンス値とハッシュ値をNotebook上に表示します.

In[2]の1行目でノンス値のリストを生成しています. range関数を使って0〜10000000を生成してlist関数でリストに格納します. random.sample関数の引き数kはリストに書き込みノンス値の抽出件数を設定しており, リストからランダムに100万件の値をノンス値として抽出します. 正解のノンス値を簡単に見つけられるように大量のノンス値をリストに格納しました. このノンス値のリストを使って100万ハッシュを計算しています.

もし1秒でこの計算ができればハッシュ・レートは1MH/sになります. 2行目以降でfor文でノンス値を順番にtext2hash関数に代入します. In[2]の実行回数がマイニング回数に相当し, In[2]を1回実行したらマイニングで100万ハッシュを計算するようなイメージです.

```
In [1]
 import random
 import hashlib
 import re

 transaction1 = "A → B 1BTC"

 def text2hash(mynonce):
     hash_object = hashlib.sha256(transaction1.encode() +
 str(mynonce).encode())
     chk = re.match('0000', hash_object.hexdigest())
     if chk != None:
         print("Nonce:    " + str(nonce))
         print("HASH:     " + hash_object.hexdigest())
         print("=====================================")
```

```
In [2]
 nonce_list = random.sample(list(range(0, 10000000)), k=1000000)
 for nonce in nonce_list:
     text2hash(nonce)
```

● 実行結果

Out[2]が実行結果です. 取引履歴とノンス値(mynonce)をハッシュ関数の入力データとして, 先頭4文字が0になるハッシュ

値を出力することができました．100万件のノンス値を使って正解のノンス値は10件しか見つけられませんでした．ビットコインでは，先頭文字の0の桁数がずっと多いのでこんなに簡単には正解のノンス値を見つけられません．ただし，ビットコインのノンス値を格納するフィールドは4バイトしかないのでノンス値は0～ffffの範囲から検索します．

```
Out [2]
Nonce:     6094084
HASH:      0000ad6d08f37fa71814edd662e17213d8748e59c9a981a321ffb99a
a87b7710
===============================================================
Nonce:     3922031
HASH:      0000dea4fdcd5025a84e0b51d62fedb6985a0efde54cc15a1608053c
87cb8a99
===============================================================
Nonce:     4493004
HASH:      0000923a2c562512c0041130b45fc580b53c2868edf8b98a971d54b1
3f6fe7f1
===============================================================
Nonce:     8135172
HASH:      000046ed896c8911e5ea772d5a4a22d9272cf0f42fe35576f9a2b45d
8476d92b
===============================================================
Nonce:     5678157
HASH:      00006813219dcc06da6b1c6fa0d18a8e1cff3f425eb660964180a0d9
90184aba
===============================================================
Nonce:     1187578
HASH:      0000535d2cab378fd6c237ac1c7abcf980c1e236dfa15b3ec5032cc8
b6b5a846
===============================================================
Nonce:     8844597
HASH:      000074c0707e6aa394fb264932e2f7755f4460f90ac5c315a401ce3d
b330c121
===============================================================
Nonce:     4447547
HASH:      0000c5907f19464185d620f2bafae719cf5aa6c9ea21db2501938ceb
7bc5566b
===============================================================
Nonce:     7742453
HASH:      0000c2c5321db3d1348014a2444ce28039d42f2e37e7293dcd7e00a1
5df22594
===============================================================
Nonce:     5156983
HASH:      00001af027f55194a8a7d99b0386929be40e5890e2819820de8907b0
d2fdfda5
===============================================================
```

▶やってみよう問題①

　random.sample関数のパラメータを変更して未発見の正解
のノンス値を見つけてみましょう.

▶やってみよう問題②

　取引履歴(変数transaction1)を変更して正解のノンス値
を見つけてみましょう.

▶やってみよう問題③

　re.match関数で先頭5文字が0になるハッシュ値が得られ
るノンス値を見つけてみましょう.

＊　　　＊　　　＊

　ここではビットコインやその他の暗号通貨のブロックチェーン
の, ブロック・ヘッダのルート・ブロック内の, 取引に対するマ
ークル・ツリーのルート・ハッシュが正しいことの検証を簡単に
体験してみました.

　やっていることはとても単純ですが, 単純であるからこそ簡単
に正しさを検証したり, 改ざんを難しくしたりできます. 基本的
な考え方としてブロック同士もハッシュ値を使って正しい接続に
なっているかを確認できます. 前ブロックのブロック・ヘッダの
ハッシュ値を, 次ブロックのブロック・ヘッダに使っているので,
ハッシュ値の接続が正しいかどうかをさかのぼって検証できます.

〈佐藤 聖〉

◆参考・引用＊文献◆

(1)ウィキペディア「ハッシュ関数」.
　　https://ja.wikipedia.org/wiki/ハッシュ関数
(2)参考：ウィキペディア「暗号学的ハッシュ関数」.
　　https://ja.wikipedia.org/wiki/暗号学的ハッシュ関数
(3)Bitcoin: A Peer-to-Peer Electronic Cash System.
　　http://bitcoin.org/bitcoin.pdf
(4)Bitcoinの細部.
　　http://bitcoin.peryaudo.org/detail.html

分散ネットワークで相手との取引を可能にするプロトコル

Proof of Work（以下，PoW）アルゴリズムは，誰が参加しているか分からない分散ネットワークにおいて，取引の合意形成を可能にするアルゴリズムです．ビットコインではProof of Workプロトコルが使われています．Proof of Workプロトコルには，ブロック生成時の難易度設定，ノンス値のフィールドがあります．

Proof of Workプロトコルには，DoS攻撃やネットワーク上のスパムなどの他のサービスの濫用を抑止する手段として2つがあります．

- チャレンジ・レスポンス・プロトコル
- ソリューション検証プロトコル

チャレンジ・レスポンス・プロトコルは，リクエスタ（クライアント）とプロバイダ（サーバ）の間で直接対話型のリンクを担っています．

ソリューション検証プロトコルは，リクエスタがソリューションを求める前に問題を自ら課さなければならず，プロバイダは問題の選択と見つかったソリューションの両方を確認しなければなりません．

ラズパイ IoT×ブロックチェーン 実験研究

ラズパイ IoT×ブロックチェーン実験研究

ブロックチェーンIoT端末で
広がる世界

■ 組み込み装置×ブロックチェーン的
プログラム自動実行で広がる世界

　ブロックチェーン2.0にはスマート・コントラクトという仕組みがあります．スマート・コントラクトは契約の自動化を実現します．あらかじめ契約と条件を定義し，その条件が満たされたら契約が有効となり自動実行されます（**図1**）．なんといってもプログラム自体がブロックチェーンに保存されることで，プログラムの改ざんも不可能となり，セキュリティ的にも安心です[注1]．

　ここでの契約は何でも構いません．プログラムの自動実行という側面から，本書の読者なら，次の利用方法があるかもしれません．

　ラズベリー・パイにカメラやセンサ，スピーカなどを取り付け，それを複数台用意し，それぞれの利用拠点に設置します（**図2**）．そして，それぞれがブロックチェーンを構成するサーバとなるように構成したとします．

注1：もちろんブロックチェーンやそれを使ったシステム自体にバグがないことが
　　　前提ではありますが…．

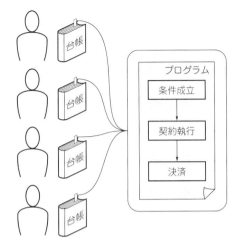

（a）ブロックチェーンはネットワーク上のやりとりを
メイン・サーバなしで暗号化（＆自動化）できる

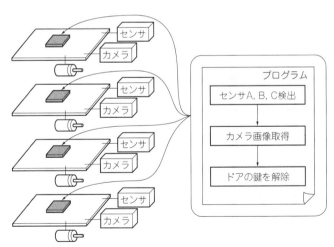

（b）もちろんIoT／組み込み端末のやりとりにも使える

図1 IoT機器のネットワーク連携動作にブロックチェーンはピッタリ

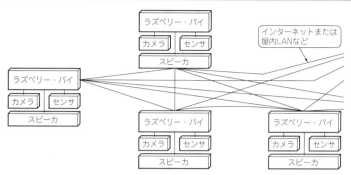

図2　ネットワーク上の複数のラズベリー・パイで同じプログラムを共有して行うような使い方ができる

■ IoTのネットワーク的連係動作にピッタリ

▶害獣対策

　カメラ，スピーカ，センサを接続したラズベリー・パイを用意し，さらにスマート・コントラクトを搭載しておきます（図3）．スマート・コントラクトを実現するプラットフォームとしては，オープンソースEthereumが知られています．これを複数の農場に設置します．1つの農場に複数設置することもできるでしょう．

　プログラムとしては，カメラに何らかの動物が映った場合に，それが害獣であれば，スピーカから嫌がる音を出したりLEDを点滅させたりして追い払うものを用意します．

　各端末のカメラで動物を捉えた場合にこのプログラムが自動実行されるようにコントラクトを登録しておけば，自動で害獣対策を行うことができます．

　さらに，各農場で害獣情報を交換しあったり，害獣に有効な音などをコントラクトとして提供しあったりし，対策を充実させていく運用をすれば，新たな害獣に対応するようにシステムが拡張されていきます．

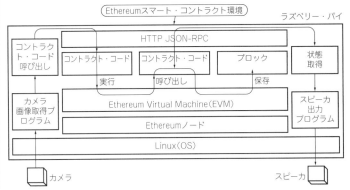

図3　ラズベリー・パイにスマート・コントラクト機能を搭載したときのプログラム構成例

▶来客受付

　カメラを接続したラズベリー・パイを設置し，スマート・コントラクトを提供するシステムに接続します．これを家や会社の来客管理に利用してみます．まず，顔写真と日時，訪問場所を登録して承認を得ます．これが契約の定義となります．

　登録日時にカメラが契約者を認識するとドアのロックを解除するキー情報がスマホに送られ，指定時間だけロックを解除できるような制御ができます．

　このようなシステムそのものはブロックチェーンやスマート・コントラクトを使用しなくても実現できるかもしれませんが，

1)信頼性の高いシステムを構築する

2)スマート・コントラクトの仕組みで任意のプログラムの実行とプログラムの書き換えが簡単

3)いずれサービスを取引化する（かも）

ことを考えると，ブロックチェーン＋スマート・コントラクトを利用するのは悪くないと思います．

　特に2)については，多数の装置を使ったシステムの場合，各シ

ステムへのプログラム配置や書き換えの手間が大変です.

▶プログラム自動更新

　ブロックチェーンを使うと全ての装置で同じ情報を参照できるように，スマート・コントラクトの仕組みでプログラムを配置すれば全ての装置でプログラムを一斉更新できるので便利です.

　サーバの追加もブロックチェーンに参加するだけで，そのサーバにプログラムをインストールしなくても登録済みのプログラムを実行できるようになるので，増設も簡単です.

　基盤となるブロックチェーンやスマート・コントラクトのシステム側での対応とセキュリティを考えると，閉じたネットワーク限定となりますが，端末で動作するシステム・プログラム自体の一斉更新も不可能ではありません.

*　　　*　　　*

　上記はまだ実験できていません.ですがEthereumのプライベート・ネットワークを使って実験可能ですので，試してみても面白いと思います.　　　　　　　　　　　　　　　　　〈土屋　健〉

シンプルMyブロックチェーン・ネットワークを作る

● IoT的な使いどころ

ブロックチェーンそのものはビットコインとともに表に出てきたので，暗号通貨を実現するための仕組みだと思われがちですが，そうではありません．

アプリケーション部分を取り替えれば，さまざまなサービスを実現でき，世の中にもブロックチェーンを基盤とした暗号通貨以外のサービスもあります．

ブロックチェーンを基盤とした暗号通貨以外のサービスとして以下が考えられます．

1，センサ・データやマイコンのログの保存

2，制御コマンドやそれの応答の保存

3，カメラ画像の保存

4，農産物や制作物のトレース

5，データの売買（スマート・コントラクト）

本章で作るのはこれらの土台となるブロックチェーンです．

■ 作るもの

ここでは簡易なブロックチェーンを作って動作させてみます（図1）．ブロックチェーンは一般的に以下の要素で構成されています．

- P2Pネットワーク（通信の基盤）
- ブロックチェーン（ブロック，チェーン管理，コンセンサス）

実際のシステムはもっと複雑な構造となっていますが，ブロックチェーンそのものとしては最低限これだけあれば実現できます．

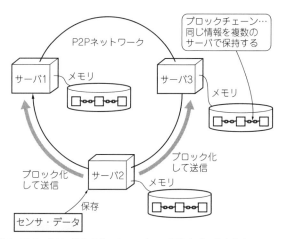

図1　安全でシンプルに使えるネットワークI/O環境を手に入れられる
Myブロックチェーンを使ったセンサ・データの保存やデータ値からアクションが起こせる自由で堅牢な制御システム

また，その他の要素技術としては，公開鍵暗号や署名の仕組みもありますが，それらはブロックチェーン固有のものでもないですし，ブロックチェーンそのものに必須という訳ではないので，今回は除いています．

● **仕様**

シンプルな仕様のMyブロックチェーンを作ってみます．

- ブロックには1つのデータだけ保存する
- P2Pネットワークへのサーバ追加だけをサポートし，削除はできない
- 1つのサーバ・プロセスでマイニングは同時実行しない
- チェーン競合の回避はタイム・スタンプで判断[注1]

注1：実際にはチェーンが長い方が採用されるアルゴリズムが良いが，今回はそこまで実装していない．P2Pノードへの途中参加もないし，悪意ある集団もいないので，そこは割り切った．

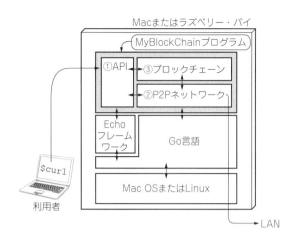

図2 **My**ブロックチェーン・プログラムの構成

- コンセンサスは簡易的なPoW（Proof of Work）
- チェーンにつなげなかったブロックに含まれているデータ
  は破棄する[注2]
- ブロックはメモリ上に保存される（ディスク・アクセスが
  ないので高速だが，プロセスを止めるとデータがなくなる）

これは，一般的なブロックチェーンの全ての機能を網羅してい
るわけではありませんが，ブロックチェーンが目的とする「データ
が失われることなく，改ざん不可能な正しいデータを保存する」
という要件を（制限付きではあるものの）満たすことができます．

これだけの仕様でもブロックチェーンにはなっていて，分散台
帳が実現できます．構造や処理もシンプルに抑えられるので，最
初に作るブロックチェーンとしては妥当だと考えます．同じデー
タの共有や，改ざんされない安全なデータの保存が可能で，アプ

注2：本来は再度マイニングから始めてデータを記録するのだが，その仕組みはブロックチェーンより上位のアプリケーションで実施するのが好ましいので，今回はそこまで実装していない．

表1 API部で提供される機能

API	実装関数名
GET http://<サーバIP>:<ポート番号>/blocks	listBlocks(c echo.Context) error
GET http://<サーバIP>:<ポート番号>/block/<ブロック番号>	getBlock(c echo.Context) error
GET http://<サーバIP>:<ポート番号>/nodes	listNodes(c echo.Context) error
POST http://<サーバIP>:<ポート番号>/block/	createBlock(c echo.Context) error
PUT http://<サーバIP>:<ポート番号>/node/	addNode(c echo.Context) error
POST http://<サーバIP>:<ポート番号>/init/<ブロック数>	initBlockChain(c echo.Context) error
POST http://<サーバIP>:<ポート番号>/malicious_block/	maliciousBlock(c echo.Context) error
GET http://<サーバIP>:<ポート番号>/	requestHandler(c echo.Context) error

リケーションから使用できます.

● 構成

Myブロックチェーンは大きく以下の3つで構成されます(図2).

機能概要
チェーンにつながっているブロック一覧を取得する．結果はブロック情報の配列がJSON形式で返ってくる
特定のブロックの内容を取得する．結果はブロック情報がJSON形式で返ってくる
P2Pネットワークを構成するサーバ一覧を取得する．結果はサーバ情報の配列がJSON形式で返ってくる

データを受け取りブロックチェーンに保存する．ブロックに保存するデータは以下のJSON形式で指定する．データの内容は文字列であれば任意
 	
`{`
`  "data":"time=201805100800,temperature`
`                        =24,humidity=35"}`
`}`

P2Pネットワークにサーバを追加する．サーバは以下のJSON形式で、IPアドレスとAPIポート番号およびP2Pポート番号を指定する
 	
`{`
`  "host": "127.0.0.1",`
`  "api_port": 3001,`
`  "p2p_port": 4001`
`}`

ブロックチェーンの同期処理を行う．ブロック数を指定し、そこまでのブロックの内容を他のサーバから持ってきてチェーンを同期させる

★実験用のAPI
ブロック番号で指定されたブロックのデータを書き換える実験を行うためのインターフェース．データ書き換え後にハッシュチェックを行うので、データが変更されている場合はエラーとなる．以下のJSON形式でブロック番号とデータの内容を指定する
 	
`{`
`  "hight":2,`
`  "data":"Modified Data"`
`}`

Myブロックチェーンのバージョンを返す `"My Block Chain Ver0.1"`

1. API部
2. P2Pネットワーク部
3. ブロックチェーン部

それぞれの役割と提供機能についてまとめます．

▶ 1. API部

利用者がMyブロックチェーンに対して指示を伝えるための入り口になります。この入り口を使ってブロックチェーンにデータを保存したり状態を確認したりします。以下の機能を提供します。

- P2Pネットワーク操作
- ブロック操作

表1にAPIから提供される機能の一覧を示します。

▶ 2. P2Pネットワーク部

ブロックチェーンを動かすサーバの管理とサーバ間のメッセージ交換の仕組みを提供する部分です。

- サーバの管理
- サーバ間の通信処理
- メッセージ通知によるアクション実行

表2にP2Pネットワーク部で提供される機能の一覧を示します。

▶ 3. ブロックチェーン部

ブロックチェーンの仕組みを提供する部分です。以下の機能を提供します。

- ブロックチェーンの管理
- ブロックの作成(マイニング)
- ハッシュ計算/Proof of Work

表3にブロックチェーン部で提供される機能の一覧を示します。

■ 開発環境

MyブロックチェーンはGo言語で開発します。Go言語は作成時点で最新である、1.13.4を使用します。また、APIはRESTインターフェースを採用するため、Go言語のウェブ・フレームワークであるEchoを利用します。今回の開発および動作確認は、Macを利用して作業を進めます。シェル環境(bash)を使って作業を進めているので、Linuxでも同様な手順で実験可能です。

表2　P2Pネットワーク部で提供される機能

関数名	機　能
`(node *Node) Send(msg [] byte) error`	nodeで指定されるサーバにmsgデータを送信する
`(p2p *P2PNetwork) Self() string`	自身のアドレス情報を取り出す
`(p2p *P2PNetwork) Add(node *Node) (int, error)`	P2Pネットワークにサーバを追加する．追加されたサーバに関する情報をP2Pネットワークに属する他のサーバに通知し，通信できるように指示する．CMD_ADDSRVアクションを使って通知する
`(p2p *P2PNetwork) Search(host string, p2p_ port uint16) *Node`	IPアドレスとP2Pポート番号を指定してサーバ管理情報を取得する
`(p2p *P2PNetwork) List() [] *Node`	P2Pネットワークに参加しているサーバ情報リストを取得する
`(p2p *P2PNetwork) Broadcast(cmd int, msg [] byte, self bool)`	P2Pネットワークに参加しているサーバにメッセージを送る．アクションと送信するデータを指定して呼び出す
`(p2p *P2PNetwork) SendOne(cmd int, msg [] byte)`	P2Pネットワークに参加しているどれか1つのサーバにメッセージを送る．アクションと送信するデータを指定して呼び出す
`(p2p *P2PNetwork) SetAction(cmd int, handler act_fn) *act_fn`	アクションとアクション・ハンドラの対応表を更新する
`(p2p *P2PNetwork) Init(host string, api_ port uint16, p2p_port uint16)`	P2Pネットワーク管理データを初期化する
`(p2p *P2PNetwork) AddSrv(msg []byte) error`	CMD_ADDSRVに対応するアクション・ハンドラ

　Windowsでも作業可能ですが，コマンド実行の方法や環境設定についてはWindows向けに多少の変更が必要です．

■ ステップ1…API部の実装

　ここからは実装について説明します．まずはMyブロックチェーンを構成するファイルと内部構造を以下に示します．**図3**にプログラムのファイル構成を，**図4**にMyブロックチェーンの構造

表3 ブロックチェーン部で提供される機能

関数名	機 能
`(bc *BlockChain) IsMining() bool`	マイニングが実行中かどうかを判断する
`(bc *BlockChain) Init(p2p *P2P.P2PNetwork, first bool) (*BlockChain, error)`	ブロックチェーン管理データを初期化する
`(bc *BlockChain) SyncBlockChain(hight int) error`	ブロックチェーンの同期処理
`(bc *BlockChain) Initialized() error`	初期化完了し動作可能状態にセットする
`(bc *BlockChain) IsInitialized() bool`	動作可能な状態かどうかを確認する
`(bc *BlockChain) Create(data string, pow bool, primary bool) (*Block, error)`	ブロックを作成する
`(bc *BlockChain) Check(data []byte) error`	ブロックチェーンの整合性確認処理
`(bc *BlockChain) AddBlock(block *Block) error`	ブロックをチェーンにつなぐ
`(bc *BlockChain) RequestBlock(id int) error`	ブロック番号で指定されたブロックを送ってもらうよう指示する
`(bc *BlockChain) GetBlock(hash string) *Block`	ハッシュ指定でブロック情報を取得する
`(bc *BlockChain) GetBlockByIndex(index int) *Block`	ブロック番号指定でブロック情報を取得する
`(bc *BlockChain) GetBlockByData(data []byte) *Block`	データ指定でブロック情報を取得する
`(bc *BlockChain) ListBlock() []*Block`	チェーンにつながっているブロックの一覧を取得する
`(bc *BlockChain) NewBlock(msg []byte) error`	CMD_NEWBLOCKに対応するアクション・ハンドラ. 新しいブロックをチェーンにつなぐ処理
`(bc *BlockChain) SendBlock(msg []byte) error`	CMD_SENDBLOCKに対応するアクション・ハンドラ. ブロックを他のサーバに送る処理
`(bc *BlockChain) MiningBlock(data []byte) error`	CMD_MININGBLOCKに対応するアクション・ハンドラ. マイニング処理. ブロックを作成しデータを入れてチェーンにつなぐ
`(bc *BlockChain) SaveData(data []byte) error`	データ保存処理受付. データを受け取り, P2Pネットワークに参加している全サーバにマイニング開始を要求する
`(bc *BlockChain) ModifyData(msg []byte) error`	CMD_MODIFYDATAに対応するアクション・ハンドラ. ブロックの持つデータを書き換える処理
`(bc *BlockChain) Modify(hight int, data string) error`	データ修正処理受け付け. データを受け取り, P2Pネットワークに参加している全サーバにデータ修正を要求する

```
MyBlockChain/
        Block/block.go
        P2P/p2p_network.go
        main.go
```

ブロックチェーン管理部
P2Pネットワーク部
API部，メイン処理

図3 プログラムのファイル構成

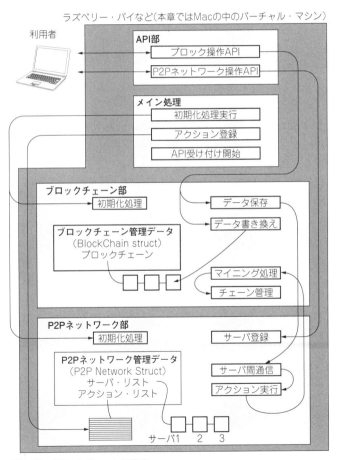

ラズベリー・パイなど(本章ではMacの中のバーチャル・マシン)

利用者

API部
ブロック操作API
P2Pネットワーク操作API

メイン処理
初期化処理実行
アクション登録
API受け付け開始

ブロックチェーン部
初期化処理
データ保存
データ書き換え

ブロックチェーン管理データ
(BlockChain struct)
ブロックチェーン

マイニング処理
チェーン管理

P2Pネットワーク部
初期化処理
サーバ登録

P2Pネットワーク管理データ
(P2P Network Struct)
サーバ・リスト
アクション・リスト

サーバ間通信
アクション実行

サーバ1　2　3

図4　Myブロックチェーンの構造

151

を示します. API部(main.go)は,

- 公開API実装
- 初期化処理(main())

の2つの部分で構成されます. **リスト1**にAPI部のプログラムを
示します. **リスト1**は227ページに示します. また, 下記URLか
らダウンロードできます.

```
https://www.cqpub.co.jp/interface/
download/contents.htm
```

● 公開APIの実装

公開APIとその機能は**表1**に示す通りです. ここではそれら
APIに対応する関数処理を説明します.

▶listBlocks関数(リスト1:39~43行目)

BlockChain.ListBlock()を呼び出してブロック一覧を
取得し, 結果をJSON形式で返します.

▶getBlock関数(リスト1:46~71行目)

47行目でURLのパスで指定されたブロックの識別情報を取得
します. ここではブロックの「データの中身」または「ブロック番
号」または「ハッシュ値」のいずれかを指定できるので,それぞれ,
BlockChain.GetBlockByData(52 行 目),
BlockChain.GetBlockByIndex(59 行 目),
BlockChain.GetBlock(65行目)を使ってブロックを検索し,
見つかったものをJSON形式で返す実装としています.

▶listNodes関数(リスト1:74~78行目)

76行目でP2PNetwork.List()を呼び出し, P2Pネットワ
ークに参加しているサーバ一覧を取得しています.

▶createBlock関数(リスト1:85~103行目)

88行目でマイニング実行中かどうかをチェックし, 実行中であ
れば処理せず終了します.

93~94行目で, JSON形式で渡された保存データを取り出しま

す.

100行目で`BlockChain.SaveData()`を呼び出し，ブロックチェーンへのデータ保存処理を要求します.

▶`addNode`関数(リスト1：106〜126行目)

109〜112行目で，JSON形式で渡されるサーバのアドレス情報を取り出します.

119行目で`P2PNetwork.Add()`を呼び出し，P2Pネットワークへのサーバ追加を要求します.

▶`initBlockChain`関数(リスト1：129〜140行目)

130行目で指定されたブロック数を取り出します.

137行目で`BlockChain.SayncBlockChain()`にブロック数を指定して呼び出し，ブロックチェーンの同期処理を要求します.

▶`maliciousBlock`関数(リスト1：148〜162行目)

これはあくまでも実験用の処理です.

151〜154行目で書き換え対象のブロック番号とデータの情報を取り出します.

159行目の`BlockCain.Modify()`を呼び出しデータの変更を要求します.

▶`requestHandler`関数(リスト1：165〜167行目)

"My Block Chain Ver0.1"を返すAPI処理関数です.

● 初期化処理(`main()`)

Myブロックチェーンのメイン処理で，初期化とAPI受け付けサーバの起動を行います.

173〜181行目でオプションを解析して動作モードを決めます.

188〜189行目で`P2PNetwrk`の`Init()`を呼び出し，P2Pネットワーク部の初期化を行います.

198〜199行目で`BlockChain.Init()`を呼び出し，ブロッ

表4 アクション・ハンドラ一覧

アクション	アクション・ハンドラ
CMD_NEWBLOCK	BlockChain.NewBlock()
CMD_ADDSRV	P2PNetwork.AddSrv()
CMD_SENDBLOCK	BlockChain.SendBlock()
CMD_MININGBLOCK	BlockChain.MiningBlock()
CMD_MODIFYDATA	BlockChain.ModifyData()

クチェーン部の初期化を行います.

　206〜207行目でBlockChain.Initialized()を呼び出して, ブロックチェーン部の初期化が完了しマイニング処理を行える状態に設定します.

　214〜219行目で, **表4**のアクション・ハンドラを 登録します. なお, アクション・ハンドラについてはP2Pネットワーク部で説明します.

　221〜246行目でEchoフレームワークの初期化とAPI処理関数の登録を行います.

　249行目でAPI受け付けサーバの起動を行い, リクエスト待ちに入ります.

■ **ステップ2…P2Pネットワーク部の実装**

　P2Pネットワーク部(P2P/p2p_network.go)は, 以下で構成されます.

- サーバ自体に関する処理(Node struct)
- P2Pネットワークに関する処理(P2PNetwork struct)

　P2Pネットワーク部では, サーバ管理と通信処理を行うのが主な仕事です.

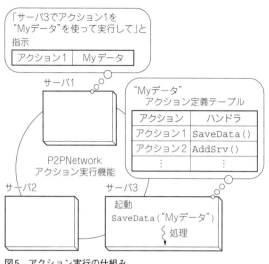

図5 アクション実行の仕組み

● ちょっと自慢

▶アクション実行機能を搭載した

共通機能として，整数値で定義されるアクションとそれに対応するアクション・ハンドラを登録する仕組みを持ちます．アクション・ハンドラの実装とアクション識別子の定義を行えば，メッセージ通信処理などを個別実装しなくても，P2PNetworkモジュールの持つ通信機能を使ってデータの受け渡しと任意サーバでの処理実行が行えます．

アクション実行機能は，「アクション＋データ」形式のメッセージをサーバ間で受け渡し，メッセージを受け取ったサーバで登録済みのアクション・ハンドラを実行する基盤です（図5）．アクション・ハンドラにはデータ部分が引き数で渡されるようになっています．

アクション・ハンドラはtype act_fn func([]byte) error形式の関数として実装します．このアクション実行機能が，

P2Pネットワークに参加するサーバ間で保持するデータや動作状態を一致させるための基礎となっています.

▶アクションの追加もできる

今実装で登録されているアクション以外にも簡単にアクションを登録できる作りになっているので,拡張性も高いです.アクションを増やすことでMyブロックチェーンの機能を強化できるのですが,それが非常に簡単に行えます.実際,Myブロックチェーンの開発時も,初めにP2Pネットワーク機能の,特にこの「アクション実行機能」を先に作成し,そこに必要なアクションを追加していく形でブロックチェーン機能を構築しました.

▶サーバ間の通信処理を気にしなくてもよい

また,サーバ間の通信処理もP2Pネットワーク管理機能およびアクション処理の下に隠れているので,アクションの実装時にネットワーク通信について意識する必要はありません.通常,ネットワーク処理はいろいろ面倒なのでそこを意識しなくてよいのは大きいです.

● サーバとしての処理

サーバ自体に関する処理(Node struct)の実装について**リスト2**で説明します.**リスト2**は232ページに示します.

▶connect関数(リスト2:36~51行目)

37行目で接続先アドレスを組み立てます.そして43行目の`net.Dial()`呼び出しで通信路へ接続します.

49行目で通信に使う接続情報をConnフィールドに保持しておきます.

▶disconnect関数(リスト2:54~58行目)

56行目で`Close()`処理を行い通信路を切断します.

▶Send関数(リスト2:61~76行目)

65行目で接続状態を確認し,接続されていれば,66行目の

Write()処理を呼び出してメッセージを送信します.

▶me関数（リスト2:79〜81行目）

サーバのアドレス情報を「IPアドレス:ポート番号」の形式で組み立てて結果として返します.

● P2Pネットワークに関する処理

P2Pネットワークに関する処理（P2PNetwork）の実装について以下で説明します.

▶Self関数（リスト2:86〜93行目）

サーバ一覧を検索し（87行目のforループ）,自身のノードを見つけたら（88行目）,me関数を呼び出しアドレス情報を求め結果として返します.

▶p2p_srv関数（リスト2:96〜146行目）

P2P通信のサーバ処理で,メッセージを受信し登録済みのアクション・ハンドラを起動します.

103行目のnet.ListenUDP()処理でUPD通信の受け付けを開始します.

109行目のforループで無限ループ処理に入ります.

114行目のReadFromUDP()処理でメッセージを受信します.メッセージが届いたらbufの中に格納されReadFromUDP()関数から復帰します.

119〜143行目の処理をgoルーチンとして非同期実行します.この処理の中で,125行目でbufの中からアクションを特定し,129行目でデータを取り出します.その後,アクション登録されていれば（130行目の判定）,132行目で登録されているアクション・ハンドラを実行します.

▶Add関数（リスト2:155〜180行目）

162行目でNode情報をJSON形式のデータにします.そのデータをCMD_ADDSRVアクションのデータとし,163行目の

P2PNetwork.Broadcast 関数で自分以外のP2Pネットワーク参加ノードにメッセージを送信します(新しくサーバが追加されたことを通知).

166行目のNode.connect()処理で通信路に接続します.

169〜174行目で今追加されたサーバに他のサーバの情報を渡します.

177行目でサーバ一覧に追加します.

▶ **Search関数(リスト2：183〜194行目)**

P2Pネットワークに参加しているサーバ・リストから(187行目),IPアドレスおよびポート番号が一致するサーバ(188行目)を見つけ,見つかったサーバ情報を結果として返します(189行目).

▶ **List関数(リスト2：197〜202行目)**

P2Pネットワークの持つサーバ一覧を返します(201行目).

▶ **Broadcast関数(リスト2：205〜231行目)**

212行目で,アクションとデータを結合しメッセージを組み立てます.

217行目のforループで一覧にあるサーバに対して処理を行います.

221行目で自分も送り先に含めない場合の判定を行い,含めない場合は送信処理を行わないようにします.

それ以外のサーバに対してはNode.Send()関数を使ってメッセージを送信します.

▶ **SendOne関数(リスト2：234〜257行目)**

基本的な処理はBroadcastと同じですが,どれか1つのサーバにでも送信できれば処理を終わるのが違いです(251行目の判定文).

▶ **SetAction関数(リスト2：260〜265行目)**

actions配列にアクションと対応するハンドラ関数を登録し

ます.

262行目で今設定されているハンドラ関数を取り出します.

263行目でハンドラ関数を登録します.

▶ Init関数(リスト2：268〜295行目)

271行目でサーバ一覧の初期化を行います.

272行目でアクション・テーブルの初期化を行います.

275〜279行目で自分のサーバ情報を作ります.

282行目で自身の通信経路を開設します.

285行目でサーバ・リストに自身を追加します.

288行目でUDP通信のサーバ処理をgoルーチンとして非同期実行します.

▶ AddSrv関数(リスト2：298〜324行目)

308行目でサーバ情報をNode構造体形式で取り出します.

319行目でこのサーバは自サーバではないという印をつけます.

320行目で通信路へ接続します.

321行目でサーバ一覧に登録します.

■ ステップ3…ブロックチェーン部の実装

ブロックチェーン部(Block/block.go)は,

- ●ブロックに関する処理(Block struct)
- ●チェーンに関する処理(BlockChain struct)

で構成されます. **リスト3**として239ページに示します.

● ブロックに関する処理

▶ calcHash関数(リスト3：59〜61行目)

以下の処理でハッシュ値を計算します.

```
sha256.Sum256([]byte(fmt.
Sprintf("%d%d%s%s%s", b.Hight, b.Prev,
b.Nonce, b.PowCount, b.Data, b.
```

```
Timestamp)))
```
これを16進表記で文字列化したものをハッシュ値とします.

▶ hash関数(リスト3：64～67行目)

65行目でBlock.calHash関数を呼び出してハッシュ値を計算します. そして計算結果をBlock.Hashに設定します.

▶ isValid関数(リスト3：70～81行目)

77行目で，ブロックに設定されているハッシュ値とBlock.calcHash関数で再計算したハッシュ値を比較し，一致しなかったらfalseを返します. それ以外はtrueを返します.

● チェーンに関する処理

▶ IsMining関数(リスト3：84～86行目)

マイニング中かどうかの情報を持っているBlockChain.minigフィールドの値を結果として返します.

▶ Init関数(リスト3：89～111行目)

91～98行目でブロックチェーン管理データの初期化を行います.

102～106行目でGenesisブロックを作成し，107行目でチェーン(BlockChain.blocs)につなぎます.

▶ SyncBlockChain関数(リスト3：114～120行目)

116行目でhightで指定されるブロックの転送リクエスト(BlockChain.RequestBlock()処理)を行います.

118行目で初期化完了していることを示すBlockChain.initializedをtrueにします.

▶ Initialized関数(リスト3：123～126行目)

初期化が完了したことを設定するため，BlockChain.initializedをtrueに設定します(124行目).

▶ IsInitialized関数(リスト3：129～131行目)

初期化が完了したかどうかを判断するため，BlockChain.

initializedの値を結果として返します.

▶Create関数(リスト3:134〜183行目)

140〜142行目でBlockを作成し,リストの初期化を行います.

145行目でBlockChain.getPrevBloc()処理を呼び出し,チェーンにつなぐ際の親となるブロックを取得します.

148〜151行目でブロックの各フィールドを設定します.

154〜180行目がハッシュ値を計算する処理です.まず,159行目のforループで処理の上限を決めています(デフォルトでは60回).160行目でハッシュ計算のための補正値をタイム・スタンプをシードにしてランダム値を求めています.その後,162行目でBlock.hash()関数によってハッシュ値を求めています.

169行目で求めたハッシュ値が条件を満たすか確認しています.デフォルトの条件はハッシュ値の頭が"00"で始まっていることです.条件を満たせばハッシュ計算終了です.満たさない場合は,Nonceを変えて再度計算します.

▶getPrevBlock関数(リスト3:186〜207行目)

新たなブロックをチェーンにつなげる際の親ブロックを見つけます.リスト検索するのでロックします(190行目).

192〜201行目で,一番後ろにあるブロックを探しています.まずはチェーンの最後のブロックを取り出します(192行目).今回の実装では195行目の条件には入らないので,その部分の説明は割愛します.

204行目でロックを解除して206行目で見つかったブロックを返します.

▶Check関数(リスト3:210〜227行目)

ここではチェーンをたどって前後のブロックのハッシュ値の整合性を確認します.

214行目で1つ目から最後のブロックまでループします.

216行目で前後のブロック間のハッシュ値の整合確認を行って

います．前のブロックのハッシュ値を計算し後ろのブロックの
Prevの値と一致していることを確認しています．

▶ **blockAppendSimple関数（リスト3：231〜264行目）**

新しいブロック（block）をチェーンにつなぐ本体処理です．
以下の方針でブロックをチェーンにつなぎます．

1. block.Prevがチェーンの最後なら，その後ろにつなぐ
   （238〜240行目）．
2. block.Prevがチェーン最後のPrevと同じなら，ブロックのタイム・スタンプを比較して早い方をチェーンの最後と入れ替える（241〜246行目）．負けた方は解放する．
3. block.Hightがチェーンの最後のHightより大きければ，親ブロックなしとして，orphan_blocksブロックにつなぎ，隙間のブロックの送信要求を出す（247〜256行目）．
4. それ以外はblockを解放（257行目）．

▶ **AddBlock関数（リスト3：267〜311行目）**

まずは267行目でBlockChain.blockAppendSimple()
処理を呼び出し，新規ブロックをチェーンにつなぎます．その後，
orphan_blocksリストにつながっているもののうち，親ブロックがチェーンにつながったもの（287行目で判定）のつなぎ換え
（295行目でorphan_blocksから外し，298行目で外したブロックをチェーンに入れる）を行います．

▶ **RequestBlock関数（リスト3：314〜323行目）**

316〜319行目で「欲しいブロック番号（id）＋ブロック送信先
サーバ・アドレス（bc.p2p.Self()）」のリクエスト・データ
を作成します．

321行目でP2PNetwork.SendOne()にリクエスト・データを渡し，CMD_SENDBLOCKアクション実行を要求します．

▶ GetBlock関数（リスト3：326〜339行目）

チェーンにつながっているブロックの中から（329行目からのループ），ハッシュ値が指定値（hash）と一致するもの（331行目の条件）を探します．

▶ GetBlockByIndex関数（リスト3：342〜353行目）

指定されたブロック番号が正しいかどうかを確認し（345行目），正しければ指定番号のブロックを結果とします（346行目）．

▶ GetBlockByData関数（リスト3：356〜367行目）

チェーンにつながっているブロックの中から（358行目からのループ），データの内容が指定値（data）と一致するもの（359行目の条件）を探します．

▶ ListBlock関数（リスト3：370〜384行目）

BlockChain.blocksにブロックがつながっているので，blocksを結果として返します（383行目）．

▶ NewBlock関数（リスト3：409〜433行目）

新しいブロックをチェーンにつなげるアクション・ハンドラです．

415〜416行目までで，メッセージからブロック情報を取り出します．

取り出したブロックの正当性を確認（424行目のisValid()呼び出し）し，問題がなければ，430行目でBlockChain.AddBlock()を実行してチェーンにつなげます．

▶ SendBlock関数（リスト3：436〜480行目）

指定されたブロックを送信するアクション・ハンドラです．

444〜446行目で送信対象のブロック番号を取り出し，448行目で送信先を特定します．

452行目でBlckChain.GetBlockByIndex()関数を使ってブロック情報を取得します．

461行目で通信を行うためにP2PNetwork.Search()を使

って，送信先の通信路情報を取得します．

468行目で送信のためにブロック情報をJSON形式に変換し，476〜477行目でCMD_NEWBLOCKアクション・メッセージとして，ブロックを送信します．

▶miningBlock関数（リスト3：483〜520行目）

マイニングを行う関数です．

489行目で初期化完了していること，494行目で他にマイニング処理が行われていないことを確認します．それぞれの判定を通ったら499行目でマイニング中状態に設定します．

506行目のBlockChain.Create()処理呼び出しで実際のブロック作成およびデータ保存を行います．ブロック作成が完了したら，513行目で自分も含めたP2Pネットワークに参加するサーバにCMD_NEWBLOCKアクション・メッセージを送り，ブロックをチェーンに追加してもらいます．マイニングが終わったらマイニング中状態を解除します（517行目）．

▶MiningBlock関数（リスト3：523〜525行目）

マイニング実行数アクション・ハンドラです．miningBlock関数を呼び出すだけです．

▶SaveData関数（リスト3：528〜539行目）

保存するデータの内容を指定して，P2Pネットワークに参加するサーバにCMD_MININGBLOCKメッセージを送りマイニング実行を要求します（533行目）．

その後，BlockChain.miningBlock()関数をgoルーチンとして実行し，自身のマイニング処理を行います．ここではminingBlock()への第2引き数がtrueになっています．ここをtrueにすると指定回数のハッシュ計算を行ったときにハッシュ値の条件を満たさなかった場合でも，マイニングが成功したとして最後のハッシュ値を採用してブロックをチェーンにつなぎます．

falseの場合に条件を満たすハッシュ値が見つからなかったときは，ブロックは破棄されます．

▶ModifyData関数（リスト3：542～585行目）

実験用の関数なので詳細は気にしなくて構いません．

547～549行目でメッセージからブロック番号を取り出します．同じく555行目で保存するデータを取り出します．

560行目で変更後のブロック情報を保存するための領域を確保します．

561行目でブロック番号を指定してブロック情報を取り出します．

567行目で今保存されているブロック情報を560行目で確保したブロック領域にコピーします．

570行目でコピーしたブロックのDataの内容を指定されたデータで書き換えます．

書き換えた情報の正当性をチェックします（572行目）．チェックに失敗したらエラー・メッセージを出力し，ブロックを書き換えずに終了します．

チェックに成功したらチェーン上にあるブロックを書き換えます（578行目）．書き換え後は念のためBlockCHain.Check()処理を実行し，チェーン全体のチェックを行います．

▶Modify関数（リスト3：588～602行目）

実験用の関数なので詳細は気にしなくて構いません．

593～595行目で書き換え対象となるブロックの番号とデータ内容をメッセージ・データとして組み立てます．そのメッセージ・データをCMD_MODIFYDATAアクションを指定して，P2Pネットワーク上の全サーバに書き換え要求を行います（599行目）．以上がMyブロックチェーンの実装に関する詳細です．

■ My ブロックチェーン実行環境の構築

● ステップ1…環境の準備

Macのターミナル・ソフトウェアを起動して作業ディレクトリを作成します.

```
$ mkdir -p ~/Desktop/CQ/MyBlockChain
```

● ステップ2…ビルドの準備

MyブロックチェーンはGo言語で実装しているので，以下のようにGo言語と必要パッケージのインストールを行います.

▶ 1, Go言語のインストール

以下からMac用のGo言語をダウンロードします.

```
https://dl.google.com/go/go1.13.4.darwin
-amd64.tar.gz
```

作業ディレクトリに移動してGo言語のインストールを行います.

```
$ cd ~/Desktop/CQ/MyBlockChain⏎
$ tar zxf ~/Downloads/
go1.10.1.darwin-amd64.tar.gz⏎
```

ダウンロードしたファイルを指定します.

```
$ mkdir ~/Desktop/CQ/MyBlockChain/
gopath⏎
```

その後，以下のコマンドを実行しGo言語の実行設定を行います.

```
$ export GOPATH=~/Desktop/CQ/
MyBlockChain/gopath⏎
$ export PATH=~/Desktop/CQ/MyBlockChain/
go/bin:$PATH⏎
```

なお，リスト4にあるような設定ファイルを用意しておくと設

リスト4　Go言語の実行設定ファイル

```
# トップ
TOP=~/Desktop/CQ/MyBlockChain

# Go言語環境設定
GOTOP=${TOP}/go
export GOPATH=${TOP}/gopath

# PATH
export PATH=${GOTOP}/bin:$PATH
```

表5　必要なGoパッケージ一覧

パッケージ名	入手先
Echo	https://github.com/labstack/echo
JWT	https://github.com/dgrijalva/jwt-go

定が楽になります.

　以下のようにgoコマンドを実行し，Go言語の動作を確認します.

　$ go version⏎

　go version go1.13.4 darwin/amd64

　Goのバージョンが表示されればGo言語のインストールは完了です.

▶ 2，必要パッケージのインストール

　Myブロックチェーンでは，表5のGoパッケージを必要としています. 各パッケージを以下の手順でインストールします.

　$ go get github.com/labstack/echo⏎

　$ go get github.com/dgrijalva/jwt-go⏎

　これでプログラムをビルドする準備は完了です.

● ステップ3…プログラム・ファイルの入手

　本書ウェブ・ページからプログラム一式をダウンロードします.

　https://www.cqpub.co.jp/interface/

　download/contents.htm

作業ディレクトリに移動してファイルを展開します.

```
$ cd ~/Desktop/CQ/MyBlockChain↵
$ unzip ~/Downloads/IF1808T2.zip↵
$ tar zxf ~/Desktop/CQ/MyBlockChain/
IF1802T2/S1S2/MyBlockChain-ver0.1.tar.
gz↵
```

展開すると以下のファイルが生成されます.

```
MyBlockChain/
        Block/block.go
        P2P/p2p_network.go
        main.go
```

● ステップ4・・・ビルド

MyBlockChainのディレクトリに移動し, 以下のコマンドを
実行し, プログラムをビルドします.

```
$ cd MyBlockChain/↵
$ go build↵
```

エラーなくビルドされると, MyBlockChainファイルが生成
されます. これでMyブロックチェーンを動作させる準備が整い
ました.

〈土屋 健〉

第2章

実験研究…つかみにくい 分散ネットワーク的ふるまいの確認

　ここまでで，Myブロックチェーンの実装を行い，実行環境を準備し，プログラムのビルドも終わりました．いよいよ動作を確認しましょう．

　今回は1台のMac（またはPC）で複数のブロックチェーン・サーバを動かしますので，複数台のサーバを用意しなくても分散台帳の動作を確認できます．もちろん，動作させるサーバ分Mac（またはPC）を用意し，それぞれでプログラムを動かすことも可能です．

■ 実験の手順

● JSON形式のデータを扱えるようにする

　Myブロックチェーンでは，APIでJSON形式のデータを扱うので，jqコマンドをインストールし，内容を確認するために使用します．以下のサイトにアクセスしてjqプログラムをダウンロードします．

　https://stedolan.github.io/jq/

　ダウンロードしたファイルは，作業ディレクトリにコピーし，実行権限を付与します．

```
$ cd ~/Desktop/CQ/MyBlockChain/↵
$ cp -p ~/Downloads/jq-osx-amd64 .↵
$ chmod +x jq-osx-amd64↵
```

● 実験で確かめること

　ここではMyブロックチェーンにデータを保存し，ブロックチ

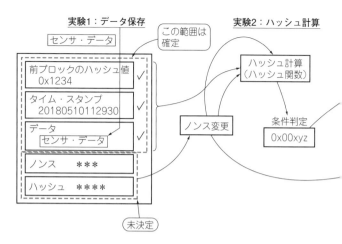

実験1：データ保存

センサ・データ

この範囲は確定

実験2：ハッシュ計算

前ブロックのハッシュ値
0x1234 ✓

タイム・スタンプ
20180510112930 ✓

データ
センサ・データ ✓

ノンス ＊＊＊

ハッシュ ＊＊＊＊

未決定

ノンス変更

ハッシュ計算
（ハッシュ関数）

条件判定
0x00xyz

実験4：チェーンにつなぐ

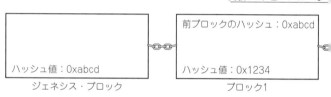

ハッシュ値：0xabcd

ジェネシス・ブロック

前ブロックのハッシュ：0xabcd

ハッシュ値：0x1234

ブロック1

図1　Myブロックチェーンの基本動作は4つに大別できる ─────────

PC(MacBook Air)

サーバ1を実行する
ターミナル
```
$. ./MyBlockChain…
≡≡≡
```

サーバ2を実行する
ターミナル
```
$. ./MyBlockChain…
≡≡≡
```

サーバ3を実行する
ターミナル
```
$. ./MyBlockChain…
≡≡≡
```

```
$ curl-/POST…
```
コマンド操作を行う
ターミナル

図2　実験環境はPC1台でOK

170

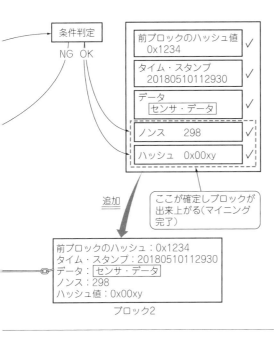

ブロック2

リスト1　実験サーバを起動する

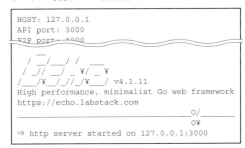

```
HOST: 127.0.0.1
API port: 3000
P2P port: 4000

    __ __   __
   / __/ ___/ / ___
  / _// __/ _ ¥/ _ ¥
 /___/¥__/ //_/¥___/ v4.1.11
High performance, minimalist Go web framework
https://echo.labstack.com
_____O/_____
                                    O¥
⇒ http server started on 127.0.0.1:3000
```

ェーンの以下の仕組みについて確認します.

　1，ブロックへのデータ記録

　2，ハッシュ値の計算

　3，Proof of Work

　4，ブロックをチェーンにつなぐ

　この4つがブロックチェーンの基本動作になります(図1). 2と3の部分が「マイニング」と言われている処理に相当します.

● 装置構成

　実験環境を図2に示します. 筆者は1台のPC(MacBook Air)上でターミナルを3つ立ち上げ,サーバ1～サーバ3として割り振りました.

　もう1つターミナルを用意し,こちらはcurlコマンドでのAPI操作を行うクライアント環境としました.

　なお,ラズベリー・パイ環境で動作させる場合については第3部第3章に記載しています.

■ 実験1…ブロックへのデータ記録

　簡単に動作を追えるようにサーバ1台で実験します.

● 実験サーバの起動

　Macのターミナル・ソフトウェアを1つ起動し,以下の手順でサーバを起動します.

```
$ cd ~/Desktop/CQ/MyBlockChain/MyBlock
Chain⏎
$ ./MyBlockChain -apiport 3000 -p2pport
4000 -first⏎
```

リスト1のようなメッセージが出力されれば起動は成功です.

● ブロックに格納するデータの準備

次に，ブロックに保存するデータを準備します．今回はセンサからデータを取得した場合を想定し，以下のような時刻，気温，湿度を記録する場合の例とします．2つのJSONデータを用意します．

▶ **センサ・データ1(sensor_data.json)**

```
{
  "data":"time=201805100800,temperature=
  24,humidity=35"}
}
```

▶ **センサ・データ2(sensor_data2.json)**

```
{
  "data":"time=201805100801,temperature=
  25,humidity=34"}
}
```

● センサ・データをブロックに保存する

curlコマンド使ってデータ保存リクエストを送ってみます．
```
$ curl -X POST http://127.0.0.1:3000/block/ -H
'Content-Type: application/json' -d "`cat
sensor_data.json`"
```
リクエストを受け付けたサーバでは，**リスト2**のようにデータの保存のためのマイニング処理が行われます．**リスト2**はマイニングに成功した場合の例です．

● 登録されたブロックを確認

登録されているブロックを確認してみましょう．こちらも**リスト3**のようにcurlコマンドを使って確認します．実行結果にあるように，"data"に「time=201805100800,temperatu

173

リスト2 データ保存のためのマイニングに成功（各行の後半を省略）

```
createBlock: ◄─（データ保存リクエスト受け付け）
SaveData: [116 105 109 101 61 50 48 49 56 48 53 49
48 48 56 48 48 44 116 101 109 112 101 114 97 116
117 114 101 61 50 52 44 104 117 109 105 100 105 116
121 61 51 53]
Broadcast: 5 time=201805100800,temperature=24,
                                        humidity=35
not send
Try  0 1685767a4e53a29358dafc19ffcd60b6e2f08bcd95f0
Try  1 f120324f73114c1580a630d78ac1112526eb1ae97be4
Try  2 bd0df471425badfd58ee4d6779e9ee904b98d1a9ddc6
Try  3 72fc9e527ae0f483206c88f362108762cb765ceecb21
Try  4 8312e5852cb6f8cf4c87fadaeb61240e98abdd64e344
Try  5 c3b2494eb9a14ab05e201715ab25ef467511bdca64b9
Try  6 1fb31cd8aa886a16b4ec330a528fc972ac1a0fe7678b
Try  7 e3766ff21e46c692dd9b2bc0e37c18d7afe412ee03c0
Try  8 8ec66b7db75c57c4a8313d523697632eccee6ad91b1e
Try  9 008215fba863032238a3bf9d307594cc297f6c33f9ef ◄─（00が続いており マイニング成功！）
Found!!
─────────
Do Action
new block action ◄─（新しいブロックをチェーンにつなげたメッセージ）
```

re=24,humidity=35」が保存されているブロックを確認できます．**リスト3**のブロック・データの中身を**図3**に示します．

　ここにあるジェネシス・ブロックは，チェーンの先頭となる特殊なブロックです．

　これより前には何もない，本当にここから始まるということを示す特別なブロックです．

● センサ2のデータも登録する

　もう1つのセンサ・データも登録します．

```
$ curl -X POST http://127.0.0.1:3000/
block/ -H 'Content-Type: application/
json' -d "`cat sensor_data2.json`"⏎
```

実行結果を**リスト4**に示します．**リスト4**はハッシュ値が見つからなかった例です．Try 0～Try 59が決められた条件のハッシュ値を求めるためのハッシュ計算のループ（Proof of Work）

リスト3　登録されたブロックを確認する（各行の後半を省略）

```
$ curl http://127.0.0.1:3000/blocks | ~/Desktop/CQ/
                          MyBlockChain/jq-osx-amd64
  % Total    % Received % Xferd  Average Speed
                                 Dload  Upload
100   513  100   513    0     0   80876     0 --:--
[
  {
    "hight": 0,
    "prev": "",
    "hash": "7b7f4951e63d1c65aa66a7b4684f6598d16362
    "nonce": "",
    "powcount": 0,
    "data": "Genesis Block",
    "timestamp": 0,
    "Child": null,
    "Sibling": null
  },
  {
    "hight": 1,
    "prev": "7b7f4951e63d1c65aa66a7b4684f6598d16362
    "hash": "008215fba863032238a3bf9d307594cc297f6c
    "nonce": "&{c4201df500 c4201df500 0 0}",
    "powcount": 9,
    "data": "time=201805100800,temperature=24,
                                   humidity=35",
    "timestamp": 1526021414994754600,
    "Child": [],
    "Sibling": []
  }
]
$
```

ジェネシス・ブロック（ブロック 0）

ブロック 1

センサ・データ

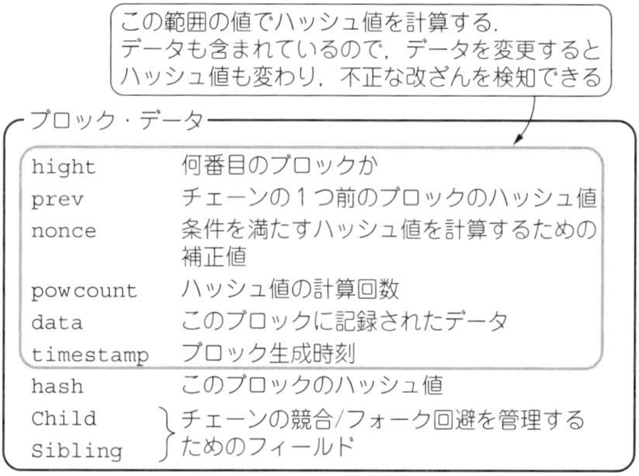

この範囲の値でハッシュ値を計算する．
データも含まれているので，データを変更すると
ハッシュ値も変わり，不正な改ざんを検知できる

ブロック・データ

hight	何番目のブロックか
prev	チェーンの1つ前のブロックのハッシュ値
nonce	条件を満たすハッシュ値を計算するための補正値
powcount	ハッシュ値の計算回数
data	このブロックに記録されたデータ
timestamp	ブロック生成時刻
hash	このブロックのハッシュ値
Child	チェーンの競合/フォーク回避を管理するためのフィールド
Sibling	

図3　登録されたブロック・データの内容

リスト4　センサ2のデータを登録する（各行の後半を省略）

```
createBlock:
SaveData: [116 105 109 101 61 50 48 49 56 48 53 49
48 48 56 48 49 44 116 101 109 112 101 114 97 116
117 114 101 61 50 53 44 104 117 109 105 100 105 116
121 61 51 52]
Broadcast: 5 time=201805100801,temperature=25,
                                   humidity=34
not send
Try  0 51afa4efc8a00b20c6e39b9ae0b5eb30f1bb99459269
                      dbd70c640f8f76444574
Try  1 44cc455e62369a5b36aac8dbceea9f1bf818dc93f200
                      b758abe8d3a611727c5a

～中略～(60回トライ)      マイニング上限に達したので条件は満たさ
                        ないがこれをハッシュ値として採用する

Try  58 f93e45ceeadf801e494bac714866f66aa167cb8b098
Try  59 c09d0d2f9b8a53164f0b6aac7b23a6ba4cad7bf7b90
Broadcast: 1 {"hight":2,"prev":"008215fba863032238a
```
```
Do Action
new block action ◄── 新しいブロックをチェーンにつなげたメッセージ
```

です．デフォルト設定ではハッシュ値の先頭が00となるハッシュ値が要求されているので，そのようなハッシュ値が見つかるまで処理をループします．

　運悪くハッシュ値が見つからなかった場合でも，60回試したら，条件を満たさなくてもマイニングに成功したことにして，チェーンにつなぎます．

　ブロックの状態を確認してみましょう．今度は2つのブロックがつながっているのを確認できます（リスト5）．

■ 実験2…ブロックの改ざんを検知できることを確認

　データがブロックチェーンに登録される様子を確認したところで，次にデータの改ざんが不可能であることを確認しましょう．

● 改ざんを防ぐ3つの仕組み

　ブロックチェーンでは，以下の3つの仕組みで改ざんを不可能

リスト5　登録されたブロックを確認すると2つのブロックが
つながっている(各行の後半を省略)

```
$ curl http://127.0.0.1:3000/blocks | ~/Desktop/CQ/
                              MyBlockChain/jq-osx-amd64
  % Total    % Received % Xferd  Average Speed   Ti
                                 Dload  Upload   To
100   841  100   841    0     0   139k      0 --:--
[
  {
    "hight": 0,
    "prev": "",
    "Sibling": null
  },
  {
    "hight": 1,
    "prev": "7b7f4951e63d1c65aa66a7b4684f6598d16362
    "Sibling": []
  },
  {
    "hight": 2,
    "prev": "008215fba863032238a3bf9d307594cc297f6c
    "hash": "c09d0d2f9b8a53164f0b6aac7b23a6ba4cad7b
    "nonce": "&{c42026ea00 c42026ea00 0 0}",
    "powcount": 59,
    "data": "time=201805100801,temperature=25,humid
    "timestamp": 1526021601630016500,
    "Child": [],
    "Sibling": []
  }
]
$
```

ジェネシス・ブロック

ブロック1

ブロック2

にしています.

1, ブロックはハッシュ値を持って改ざんを検知できるよう
   にしている

2, ブロック内にはチェーンで1つ前のブロックのハッシュ
   値を持っているので,1つのブロックの改ざんの影響がチ
   ェーンの後方に向けて伝搬していく.改ざんする際には
   全てのブロックを書き換えないとならない

3, ハッシュ値に条件(先頭が00)を設けて計算を困難にして
   いる.従って書き換えに非常に労力を要する

　今回は,この仕組みの根底となる「データを書き換えるとハッ
シュ値の再計算が必要になる」について試してみます.ここでは

177

リスト5のように2つのブロックが登録されていることが前提です.

● データの内容を変えてみる

　まずはデータの内容を変えてみましょう. ブロック1の,

```
"time=201805100800,temperature=24,humidity=35"
```

を,

```
"time=201805100800,temperature=40,humidity=35"
```

のように, 気温が40であったことにしてみたいと思います.

　これまでと同じように, curlコマンドで以下のような書き換え要求を送ります.

```
$ curl -X POST http://127.0.0.1:3000/
malicious_block/ -H 'Content-Type:
application/json' -d '{"hight":1,"data":"time=
201805100800,temperature=40,humidity=35"}'
```

　リスト6のように不正なブロックであることが検知(Invalid Block! のメッセージで確認)され, ブロックの書き換えは拒絶されました.

　下記コマンドでブロックの状態を確認しても, 書き換えられていませんでした.

```
$ curl http://127.0.0.1:3000/blocks |
~/Desktop/CQ/MyBlockChain/jq-osx-amd64
```

● データの内容を変えない場合はエラーとはならない

　次にもともとのデータの内容と同じもので書き換えてみます.

```
$ curl -X POST http://127.0.0.1:3000/
malicious_block/ -H 'Content-Type:
```

リスト6　ブロック・データの書き換え要求を送ると拒絶される
（各行の後半を省略）

```
maliciousBlock:
Modify: 1 time=201805100800,temperature=40,humidi
ty=35
```
← ブロック内のデータを変更する処理開始

```
~中略~

&{1 7b7f4951e63d1c65aa66a7b4684f6598d16362e43776c11
8e7089e5476dce20d ac7741e15c5468bce3b746a2bea8aa885
2e51ebd8aacfae4d6dc2f6782b5ccf7 &{c420225500
c420225500 0 0} 59 time=201805100800,temperature=40
,humidity=35 1526024201615888960 [] []}
Invalid Block!: &{1 7b7f4951e63d1c65aa66a7b4684f659
8d16362e43776c118e7089e5476dce20d ac7741e15c5468bce
3b746a2bea8aa8852e51ebd8aacfae4d6dc2f6782b5ccf7
&{c420225500 c420225500 0 0} 59 time=201805100800,t
emperature=40,humidity=35 1526024201615888960 [] []}
Invalid Block: ID=1
{"time":"2018-05-11T16:42:02.635694626+09:00","id":
"","remote_ip":"127.0.0.1","host":"127.0.0.1:3000",
"method":"POST","uri":"/malicious_
block/","status":200, "latency":504916962,"latency_
human":"504.916962ms","bytes_in":65,"bytes_out":0}
```
← 不正ブロックとなる変更であることを検知

```
application/json' -d '{"hight":1,"data":
"time=201805100800,temperature=24,humidi
ty=35"}'⏎
```

リスト7のように不正なブロックは検知されずブロックは書き換えられました．書き換え前後でデータは同じなので見た目は何も変化がなくて分かりにくいですが．

このように，ハッシュによってブロックの正当性が判断できることが確認できました．

■ 実験3…台帳が複数のサーバに分散されて保存されることを確認

● 2台のサーバを起動

ブロックチェーンの特徴である分散台帳管理について見てみま

179

リスト7　ブロック・データの内容を変えない書き換え要求は通る
(各行の後半を省略)

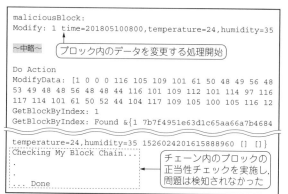

```
maliciousBlock:
Modify: 1 time=201805100800,temperature=24,humidity=35
～中略～        ブロック内のデータを変更する処理開始

Do Action
ModifyData: [1 0 0 0 116 105 109 101 61 50 48 49 56 48
53 49 48 48 56 48 48 44 116 101 109 112 101 114 97 116
117 114 101 61 50 52 44 104 117 109 105 100 105 116 12
GetBlockByIndex: 1
GetBlockByIndex: Found &{1 7b7f4951e63d1c65aa66a7b4684

temperature=24,humidity=35 1526024201615888960 [] []}
Checking My Block Chain...        チェーン内のブロックの
.                                 正当性チェックを実施.
.                                 問題は検知されなかった
... Done
```

す．今回は2台のサーバを動かして，同じブロック情報をそれぞ
れのサーバ上に保存します．

　ターミナル・ソフトウェアを2つ起動し，それぞれで以下のコ
マンドを実行し，サーバを起動します(リスト8，リスト9)．

● 1つ目のサーバに2つ目のサーバ情報を通知すると情報が伝達
　される

　起動直後には，それぞれのサーバは独立で動作しているので，
P2Pネットワークを構成するようにサーバ登録処理を行います．
1つ目に起動したサーバに対して2つ目のサーバ情報を通知すれ
ば，後はお互いに情報を交換して通信が可能となります．以下の
コマンドを実行します．

```
$ curl -X PUT http://127.0.0.1:3000/
node/ -H 'Content-Type: application/
json' -d '{"host": "127.0.0.1","api_
port": 3001,"p2p_port": 4001}'
```

サーバ1の実行結果メッセージをリスト10に示します．

リスト8 ターミナル1でサーバを起動する

```
$ ./MyBlockChain -apiport 3000 -p2pport 4000 -first
HOST: 127.0.0.1
API port: 3000
P2P port: 4000

   ____  __
  / __/ / / /   ___
 / _// __ / _ ¥/ _ ¥
/___/¥__/ //_/¥___/ v4.4.11
High performance, minimalist Go web framework
https://echo.labstack.com
_____O/_____
                                    O¥
=> http server started on 127.0.0.1:3000
```

リスト9 ターミナル2でサーバを起動する

```
$ ./MyBlockChain -apiport 3001 -p2pport 4001 -first
HOST: 127.0.0.1
API port: 3001
P2P port: 4001

   ____  __
  / __/ / / /   ___
 / _// __ / _ ¥/ _ ¥
/___/¥__/ //_/¥___/ v4.1.11
High performance, minimalist Go web framework
https://echo.labstack.com
_____O/_____
                                    O¥
=> http server started on 127.0.0.1:3001
```

リスト10 サーバ1にサーバ2の情報を通知したときのサーバ1側の結果

```
addNode:                                                    追加サーバの
P2PNetwork.Add    サーバ追加リクエストを受け付けた          情報(サーバ2)
add node: &{127.0.0.1 3001 4001 false <nil>}
Broadcast: 2 {"host":"127.0.0.1","api_port":3001,"p2p_port":4001}
not send
127.0.0.1:4001 connected.    サーバ2と接続した
Send to  127.0.0.1:4001 : {"host":"127.0.0.1",
                           "api_port":3000,"p2p_port":4000} 53
```
サーバ2にサーバ1の情報を教える

リスト11 サーバ1にサーバ2の情報を通知したときのサーバ2側の結果

```
Do Action
add server action           サーバ1の情報を受け取った
node: &{127.0.0.1 3000 4000 false <nil>}
127.0.0.1:4000 connected.
```
サーバ1と接続した

181

サーバ2の実行結果メッセージを**リスト11**に示します.

● **それぞれがお互いを認識していることを確認する**

以下のコマンドでそれぞれのサーバのP2Pネットワーク状態を確認します.

```
$ curl  http://127.0.0.1:3000/nodes  |  ~/
Desktop/CQ/MyBlockChain/jq-osx-amd64 ⏎
$ curl  http://127.0.0.1:3001/nodes  |  ~/
```

リスト12 サーバ1とサーバ2はお互いを認識している(各行の後半を省略)

```
$ curl  http://127.0.0.1:3000/nodes  |  ~/Desktop/CQ/
  % Total    % Received % Xferd  Average Speed    Ti
                                  Dload  Upload    To
100   107  100   107    0     0   20569     0 --:--
[
  {
    "host": "127.0.0.1",
    "api_port": 3000,           サーバ1の情報
    "p2p_port": 4000
  },
  {
    "host": "127.0.0.1",
    "api_port": 3001,           サーバ2の情報
    "p2p_port": 4001
  }
]
$ curl  http://127.0.0.1:3001/nodes  |  ~/Desktop/CQ/
                 MyBlockChain/jq-osx-amd64
  % Total    % Received % Xferd  Average Speed    Ti
                                  Dload  Upload    To
100   107  100   107    0     0   17546     0 --:--
[
  {
    "host": "127.0.0.1",
    "api_port": 3001,           サーバ2の情報
    "p2p_port": 4001
  },
  {
    "host": "127.0.0.1",
    "api_port": 3000,           サーバ1の情報
    "p2p_port": 4000
  }
]
$
```

サーバ1の持つサーバ・リストを取得

自分を含めて2つのサーバを認識している

サーバ2の持つサーバ・リストを取得

自分を含めて2つのサーバを認識している

Desktop/CQ/MyBlockChain/jq-osx-amd64⏎

それぞれのサーバでお互いを認識していることが確認できます
(**リスト12**).

● **片方のサーバにデータを保存するともう片方にも保存される**

では,この状態でブロックを保存してみましょう.これまでと
同じように,以下のコマンドでデータを保存します.

```
$ curl -X POST http://127.0.0.1:3000/
block/ -H 'Content-Type: application/
json' -d "`cat sensor_data.json`"⏎
```

なお,保存リクエストはどちら一方のサーバに対してだけ行い

リスト13 サーバ1のブロック・データを確認する(各行の後半
を省略)

```
$ curl http://127.0.0.1:3000/blocks | ~/Desktop/CQ
  % Total    % Received % Xferd  Average Speed   Ti
                                 Dload  Upload   To
100   514  100   514    0     0  84400      0 --:--
[
  {
    "hight": 0,
    "prev": "",
    "hash": "7b7f4951e63d1c65aa66a7b4684f6598d16362
    "nonce": "",
    "powcount": 0,
    "data": "Genesis Block",
    "timestamp": 0,
    "Child": null,
    "Sibling": null
  },
  {
    "hight": 1,
    "prev": "7b7f4951e63d1c65aa66a7b4684f6598d16362
    "hash": "af93f4a8206fa16aeaa0ce95e8d8336dbeecad
    "nonce": "&{c420217500 c420217500 0 0}",
    "powcount": 59,
    "data": "time=201805100800,temperature=24,humid
    "timestamp": 1526025872519523300,
    "Child": [],
    "Sibling": []
  }
]
$
```

リスト14と
同じ内容

183

ます．それで，両方のサーバでマイニング処理が行われます．勝つのはどちらか一方です．

それぞれのサーバにデータが保存されているか確認してみましょう．同じものが保存されているはずです（**リスト13**，**リスト14**）．

これでデータが複数箇所に分散保存されることが確認できました．2つ目，3つ目とブロックを登録しても，それぞれのサーバに保存されるので，ぜひ試してみてください．

■ 実験4…ブロックが全サーバで同期されることを確認

最後の実験は，何らかの要因で一部のブロックが欠落したり，ブロックの到着する順序が入れ替わったりした場合の対応につい

リスト14　サーバ2のブロック・データを確認するとサーバ1と同じデータが保存されている（各行の後半を省略）

```
$ curl  http://127.0.0.1:3001/blocks  | ~/Desktop/CQ
  % Total     % Received % Xferd  Average Speed   Ti
                                   Dload  Upload   To
100   514  100   514      0      0  92712       0 --:--
[
  {
    "hight": 0,
    "prev": "",
    "hash": "7b7f4951e63d1c65aa66a7b4684f6598d16362
    "nonce": "",
    "powcount": 0,
    "data": "Genesis Block",
    "timestamp": 0,
    "Child": null,
    "Sibling": null
  },
  {
    "hight": 1,
    "prev": "7b7f4951e63d1c65aa66a7b4684f6598d16362
    "hash": "af93f4a8206fa16aeaa0ce95e8d8336dbeecad
    "nonce": "&{c420217500 c420217500 0 0}",
    "powcount": 59,
    "data": "time=201805100800,temperature=24,humid
    "timestamp": 1526025872519523300,
    "Child": [],
    "Sibling": []
  }
]
$
```

リスト13と同じ内容

184

ての確認です．

実験環境ではブロックの欠落や入れ違いは発生しないので，疑似的にブロックを持っていないサーバを用意して，そのサーバにチェーンが同期されることを確認します．サーバを2台立ち上げ(サーバ1とサーバ2)，ブロックを2つ保存した状態から以下の操作を始めます．ブロックは**図4**のように同期します．

● 3台目のサーバを登録

ブロックを持たない3台目のサーバを用意してP2Pネットワークに参加させます．以下のコマンドを実行します．

```
$ ./MyBlockChain -apiport 3002 -p2pport 4002 -first↵
```

上記とは異なるターミナルで以下を実行します．

```
$ curl -X PUT http://127.0.0.1:3000/
```

リスト15　サーバ1，2にはブロック・データが2つ登録されている(各行の後半を省略)

```
$ curl  http://127.0.0.1:3001/blocks | ~/Desktop/CQ
  % Total    % Received % Xferd  Average Speed   Ti
                                 Dload  Upload   To
100   842  100   842    0     0   145k      0 --:--
[
  {
    "hight": 0,
    "prev": "",
    "Sibling": null
  },
  {
    "hight": 1,
    "prev": "7b7f4951e63d1c65aa66a7b4684f6598d16362
    "Sibling": []
  },
  {
    "hight": 2,
    "prev": "227a90383ff7fb447ca73abbf0f2ac44cdb43d
    "Sibling": []
  }
]
$
```

ジェネシス・ブロック
ブロック1
ブロック2

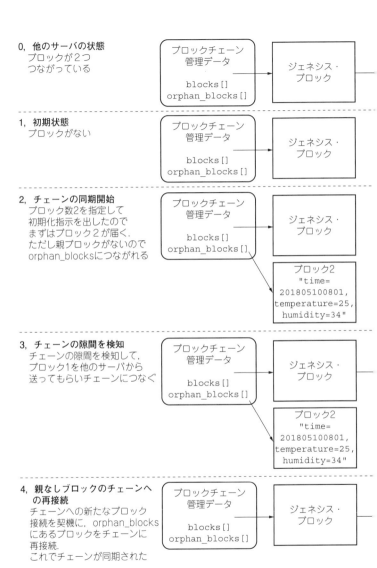

0, 他のサーバの状態
ブロックが2つ
つながっている

ブロックチェーン
管理データ

blocks[]
orphan_blocks[]

ジェネシス・
ブロック

1, 初期状態
ブロックがない

ブロックチェーン
管理データ

blocks[]
orphan_blocks[]

ジェネシス・
ブロック

2, チェーンの同期開始
ブロック数2を指定して
初期化指示を出したので
まずはブロック2が届く.
ただし親ブロックがないので
orphan_blocksにつながれる

ブロックチェーン
管理データ

blocks[]
orphan_blocks[]

ジェネシス・
ブロック

ブロック2
"time=
201805100801,
temperature=25,
humidity=34"

3, チェーンの隙間を検知
チェーンの隙間を検知して,
ブロック1を他のサーバから
送ってもらいチェーンにつなぐ

ブロックチェーン
管理データ

blocks[]
orphan_blocks[]

ジェネシス・
ブロック

ブロック2
"time=
201805100801,
temperature=25,
humidity=34"

**4, 親なしブロックのチェーンへ
の再接続**
チェーンへの新たなブロック
接続を契機に, orphan_blocks
にあるブロックをチェーンに
再接続.
これでチェーンが同期された

ブロックチェーン
管理データ

blocks[]
orphan_blocks[]

ジェネシス・
ブロック

図4 ブロックを持たないサーバに他のサーバのブロックチェーンが同期される仕組み

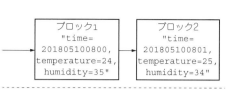

```
ブロック1              ブロック2
 "time=               "time=
201805100800,  →    201805100801,
temperature=24,      temperature=25,
 humidity=35"         humidity=34"
```

```
ブロック1
 "time=
201805100800,
temperature=24,
 humidity=35"
```

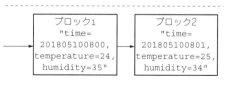

```
ブロック1              ブロック2
 "time=               "time=
201805100800,  →    201805100801,
temperature=24,      temperature=25,
 humidity=35"         humidity=34"
```

リスト16 サーバ3にはブロック・データが登録されていない
（各行の後半を省略）

```
$ curl  http://127.0.0.1:3002/blocks | ~/Desktop/CQ
  % Total    % Received % Xferd  Average Speed   Ti
                                 Dload  Upload   To
100   186  100   186    0     0  30288     0 --:--
[
  {
    "hight": 0,
    "prev": "",
    "Sibling": null
  }
]
$
```

ジェネシス・ブロック

```
node/  -H 'Content-Type: application/
json' -d '{"host": "127.0.0.1","api_
port": 3002,"p2p_port": 4002}'↵
```

サーバ1とサーバ2のブロック状態を**リスト15**に示します．
サーバ3のブロック状態を**リスト16**に示します．

● **同期の開始**

ここから同期を始めます．ブロックチェーンの同期は以下のコ
マンドで実行できます．

```
$ curl -X POST  http://127.0.0.1:3002/
init/2↵
```

このリクエストはサーバ3に対して「他のサーバはブロックを
2つ持っている」ことを教え，ブロックを集めるよう指示するも
のです．指示を受けてサーバ3では，他のサーバからブロックを
持ってきて同じ状態のブロックチェーンを構築します．

リスト17，**リスト18**のメッセージを見ると，サーバ1からサー
バ3へブロックが転送されたようです．

リスト17　サーバ3からのブロック送信要求を受けてブロック2
とブロック1をサーバ3に送信している（各行の後半を省略）

```
（サーバ1の実行結果メッセージ）
Do Action
send block action ◀────── ブロック送信要求を受け付けた
<nil>
2 127.0.0.1:4002 ◀────── ブロック2をサーバ3に送る
                         というアクション要求
GetBlockByIndex: 2
GetBlockByIndex: Found &{2 227a90383ff7fb447ca73abb
f0f2ac44cdb43dd9ac95cabe1ff056abcc07db82 cb85456225
3704e4ea3637a9984ab63a80467a0c9eb3a5ae0de5c32c95686
9a9 &{c420298000 c420298000 0 0} 59 time=2018051008
01,temperature=25,humidity=34 1526026640942492430
[] []}
Search: 127.0.0.1 4002
Send to  127.0.0.1:4002 : {"hight":2,"prev":"227a90
383ff7fb447ca73abbf0f2ac44cdb43dd9ac95cabe1ff056abc
c07db82","hash":"cb854562253704e4ea3637a9984ab63a80
467a0c9eb3a5ae0de5c32c956869a9","nonce":"\
u0026{c420298000 c420298000 0 0}","powcount":59,"da
ta":"time=201805100801,temperature=25,humidity=34",
"timestamp":1526026640942492430,"Child":[],"Sibli
ng":[]} 328
Do Action
send block action ◀────── 実際にブロック2をサーバ3に送る処理
<nil>
1 127.0.0.1:4002 ◀────── ブロック1をサーバ3に送る
                         というアクション要求
GetBlockByIndex: 1
GetBlockByIndex: Found &{1 7b7f4951e63d1c65aa66a7b4
684f6598d16362e43776c118e7089e5476dce20d 227a90383f
f7fb447ca73abbf0f2ac44cdb43dd9ac95cabe1ff056abcc07
db82 &{c42021a000 c42021a000 0 0} 59 time=201805100
800,temperature=24,humidity=35 1526026565902030692
[] []}
Search: 127.0.0.1 4002
Send to  127.0.0.1:4002 : {"hight":1,"prev":"7b7f49
51e63d1c65aa66a7b4684f6598d16362e43776c118e7089e547
6dce20d","hash":"227a90383ff7fb447ca73abbf0f2ac44cd
b43dd9ac95cabe1ff056abcc07db82","nonce":"\
u0026{c42021a000 c42021a000 0 0}","powcount":59,"da
ta":"time=201805100800,temperature=24,humidity=35",
"timestamp":1526026565902030692,"Child":[],"Sibli
ng":[]} 328
```

└────── 実際にブロック1をサーバ3に送る処理

● 接続状態を確認

では，同期後のサーバ3のブロック状態を確認してみましょう。

$ curl　http://127.0.0.1:3002/blocks　|

189

リスト18　サーバ3はP2Pネットワークに参加しているサーバからブロックを集める

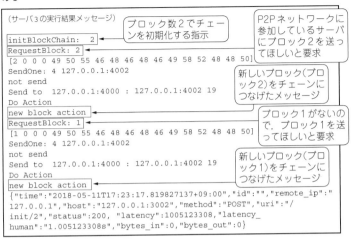

```
(サーバ3の実行結果メッセージ)
initBlockChain:   2        ┈ ブロック数2でチェーンを初期化する指示
RequestBlock: 2            ┈ P2Pネットワークに参加しているサーバにブロック2を送ってほしいと要求
[2 0 0 0 49 50 55 46 48 46 48 46 49 58 52 48 48 50]
SendOne: 4 127.0.0.1:4002
not send
Send to  127.0.0.1:4000 : 127.0.0.1:4002 19   ┈ 新しいブロック(ブロック2)をチェーンにつなげたメッセージ
Do Action
new block action          ┈
RequestBlock: 1           ┈ ブロック1がないので, ブロック1を送ってほしいと要求
[1 0 0 0 49 50 55 46 48 46 48 46 49 58 52 48 48 50]
SendOne: 4 127.0.0.1:4002
not send
Send to  127.0.0.1:4000 : 127.0.0.1:4002 19   ┈ 新しいブロック(ブロック1)をチェーンにつなげたメッセージ
Do Action
new block action          ┈
{"time":"2018-05-11T17:23:17.819827137+09:00","id":"","remote_ip":"
127.0.0.1","host":"127.0.0.1:3002","method":"POST","uri":"/
init/2","status":200, "latency":1005123308,"latency_
human":"1.005123308s","bytes_in":0,"bytes_out":0}
```

~/Desktop/CQ/MyBlockChain/jq-osx-amd64⏎

サーバ1およびサーバ2と同じブロック情報を持つことができました.

*　　　*　　　*

ブロックチェーンの簡易版の実装と実際に動かしてみながらブロックチェーンの仕組みを確認しました. 今回作成したMyブロックチェーンはまだまだ発展途上であり今後も改善を進めたいと思います. 例えば以下のような課題が残るので解決したいと思います.

- チェーンの競合回避の仕組みを改善
- ブロックを破棄する際に中のデータを再保存する仕組みを追加
- ブロックをディスクへ保存する仕組みを追加

〈土屋　健〉

第3章

ラズパイ端末で
ブロックチェーン的IoTを実感する

● トライすること

　前章では，Myブロックチェーンの動作実験をMac上で行いました．ここではラズベリー・パイ3台構成でMyブロックチェーンを動かします．開発端末として使用したMacをクライアントとして，データの保存と状態確認を行います(写真1)．

　本章では以下を行います．

- ラズベリー・パイへのサーバの追加とその動作確認
- データ保存と状態確認(1ブロック目)
- 追加のデータ保存と状態確認(2ブロック目)
- 実践的な例としてラズベリー・パイにセンサを設置しセンサ・データを保存してみる

　図1に実験の構成を示します．

写真1　こっちが本命…Myブロックチェーンをラズベリー・パイで動かす

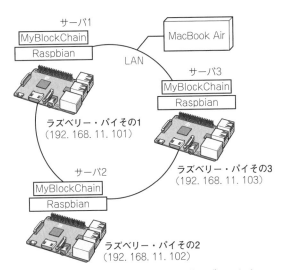

図1　ラズベリー・パイを3台使ってIoT的にブロックチェーン・ネットワークを動かす
1台が取得したセンサ・データをそれぞれのブロックに書き込んでいく

■ ラズパイ×ブロックチェーンの利点

● ネットワーク上でデータを安全にI/Oできる信頼性の高いストレージになる

　ブロックチェーンはデータベースやストレージといった類と同じ基盤ソフトウェアと呼べるものだと思います．これまでディスクやデータベースに保存していたデータをブロックチェーンに保存することも難しいことではありません．さらに，信頼性が高いのでデータ保存という側面では理想的です．速度を気にしなければ，レプリケーション機能で実現される分散ストレージと同じようなものですね．

　個人で信頼性の高い分散ストレージを作るにはラズベリー・パイが最適です．小型コンピュータ・ボードとして5000円で購入で

きますし，ケースに工夫をすればほこりや水にも強いです．屋外での運用も期待できます．例えば人工知能の学習データとして100地点の畑の温度/湿度/日射量などを数年間保存する場合，1部分でもデータが消えると，他の99地点のデータが無駄になりかねません．これを100台のラズベリー・パイに記録しておけば安心です．

● データを配布するネットワークという見方もできる

　ブロックチェーンですが，複数のサーバが同じデータを保持し，そのデータについてはP2Pネットワークを使って転送されるという部分に着目すると，データを配布するネットワークと捕らえることもできそうです（**図2**）．P2Pネットワークに参加する皆が同じデータを同じ順序で受け取るので，信頼性の高いデータ配信基盤と考えることもできます．

　畑にイノシシが出没したという情報を元に，各ラズベリー・パイから超音波を発射するなどの利用が考えられます．

● ラズベリー・パイでこじんまりのネットワークがちょうどいい

　暗号通貨の取引で使われるブロックチェーンなら，処理速度の問題（ブロック生成と内容の確定までの時間が長い）を解決しなければならないでしょう．私たちが個人で，特定範囲でのデータ転送や，仲間内など限定利用されるシステムのデータ送受信およびデータ保存領域領域としての利用であれば，ラズベリー・パイがちょうど良いでしょう．

　ブロックのサイズと生成時間によって必要とされる通信帯域は変わってくるのですが，ブロック・サイズが1Mバイト，ブロック生成間隔が10分であれば，LAN環境はもちろん，モバイルも含めたインターネット環境でも問題ないでしょう．

　ちなみに「Myブロックチェーン」は，小グループで使うこと

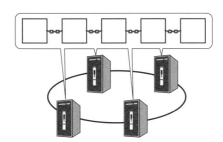

(a) 皆で同じブロック・データを維持
するのがブロックチェーン

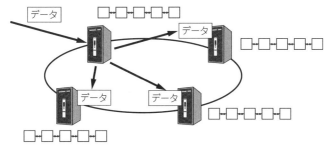

(b) 視点を変えるとデータ配信ネットワークとも言える

図2 ブロックチェーンを異なる視点で見ると新しい応用が生まれそう

を想定しているのでブロック・サイズを1Kバイトにしています.
ですのでモバイルの通信制限下で128kbpsとなっても帯域を圧迫
することはないでしょう.

違った視点でブロックチェーンを眺めてみるといろいろ応用範
囲を広げられそうです.

■ 準備

ラズベリー・パイを使ったMyブロックチェーン環境を以下の
手順に従って構築します.

194

● ステップ1…ラズベリー・パイの準備

ラズベリー・パイを3台(2台でも可)用意し，Raspbianをインストールし，ネットワークに接続する準備を整えます．

以下の3台のラズベリー・パイを使用する場合の実行例を示します．

サーバ1：192.168.11.101

サーバ2：192.168.11.102

サーバ3：192.168.11.103

また，使用するポート番号は以下とします．

APIポート：3000

P2Pポート：4000

● ステップ2…Myブロックチェーンのインストール

以下の手順で環境を構築します．

- ●ビルド環境準備(サーバ1)
- ●ビルド
- ●プログラムの配置(サーバ2，サーバ3)

▶ビルド環境準備(サーバ1)

サーバ1にログイン(ssh pi@192.168.11.101)して，Go言語の設定を行います．手順は以下の通りです．まず，作業ディレクトリを作成します．

```
$ mkdir -p ~/CQ/MyBlockChain/ ⏎
$ cd ~/CQ/MyBlockChain/ ⏎
```

Go言語の配布ファイルをダウンロードし展開します．

```
$ wget https://dl.google.com/go/
go1.13.4.linux-armv6l.tar.gz ⏎
$ tar zxf go1.13.4.linux-armv6l.tar.gz ⏎
```

環境変数を設定します．

```
$ export GOPATH=~/CQ/MyBlockChain/
```

```
gopath⏎
$ export PATH=~/CQ/MyBlockChain/go/
bin:$PATH⏎
```
Go言語の起動を確認し，正しくインストールされたことを確認します．
```
$ go version⏎
go version go1.13.4 linux/arm
```
▶ビルド(サーバ1)

以降の作業は，上記でGo言語をインストールした環境と同じところで行います．本書ウェブ・ページから，Myブロックチェーンのプログラム(MyBlockChain-ver0.1.tar.gz)をダウンロードします(S1S2フォルダに入っています)．
```
https://www.cqpub.co.jp/interface/
download/contents.htm
```
ダウンロードしたアーカイブを展開します．
```
$ tar zxf MyBlockChain-Ver0.1.tar.gz⏎
```
ビルドに必要なライブラリをインストールします．
```
$ go get github.com/labstack/echo⏎
$ go get github.com/dgrijalva/jwt-go⏎
```
Myブロックチェーンをビルドします．
```
$ cd MyBlockChain/⏎
$ go build⏎
```
エラーなくビルドされると，MyBlockChainファイルが生成されます．
```
$ ls -l⏎
合計 8620
drwxr-xr-x 2 pi pi    4096  5月 20 12:32
Block
-rwxr-xr-x 1 pi pi 8936089  5月 20 12:40
```

```
MyBlockChain ◄─── ( ビルドされたプログラム )
drwxr-xr-x 2 pi pi      4096  5月 11 05:58
P2P
-rw-r--r-- 1 pi pi      5783  5月 11 05:57
main.go
```

▶**プログラムの配置（サーバ2，サーバ3）**

　ビルドしたプログラムをサーバ2とサーバ3にコピーします．それぞれのサーバに作業ディレクトリを作成し，ファイルを転送します．

　～サーバ2の例～

```
$ ssh pi@192.168.11.102⏎
$  mkdir  -p  ~/CQ/MyBlockChain/
MyBlockChain/⏎
$ cd /CQ/MyBlockChain/MyBlockChain/⏎
$  scp  pi@192.168.11.101:~/CQ/
MyBlockChain/MyBlockChain/MyBlockChain .⏎◄──┐
$ chmod +x MyBlockChain⏎◄───┐               │
     ( コマンド起動するために実行権を付与 )    │  ┌─────────┐
                                            └─│scpコマンドで│
                                              │ファイルを転送│
                                              └─────────┘
```

　なお，サーバ3の場合はsshするIPアドレスが192.168.11.103になるだけです．

● **ステップ3…Myブロックチェーンの起動**

　それぞのサーバで**リスト1**のコマンドを実行し，Myブロックチェーンを起動します．起動に成功すると**リスト2**のメッセージが出力されます．

■ **動作確認**

　ラズベリー・パイ上でMyブロックチェーンが起動したので，動作を確認します．

リスト1 それぞれのサーバでMyブロックチェーンを起動

```
▲サーバ1
$ ./MyBlockChain -host 192.168.11.101 -apiport 3000 -p2pport 4000 -first
▲サーバ2
$ ./MyBlockChain -host 192.168.11.102 -apiport 3000 -p2pport 4000 -first
▲サーバ3
$ ./MyBlockChain -host 192.168.11.103 -apiport 3000 -p2pport 4000 -first
```

リスト2 Myブロックチェーン起動成功メッセージ

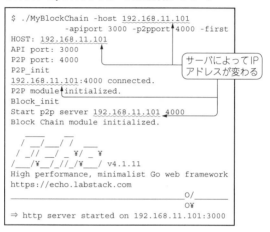

```
$ ./MyBlockChain -host 192.168.11.101
            -apiport 3000 -p2pport 4000 -first
HOST: 192.168.11.101
API port: 3000
P2P port: 4000
P2P_init
192.168.11.101:4000 connected.
P2P module initialized.
Block_init
Start p2p server 192.168.11.101 4000
Block Chain module initialized.

   /__/___/ / ___
  / _// __/ _ ¥/ _ ¥
 /___/¥__/_//_/¥___/ v4.1.11
High performance, minimalist Go web framework
https://echo.labstack.com

_____O/_____
                                O¥
⇒ http server started on 192.168.11.101:3000
```

サーバによってIP
アドレスが変わる

● 1…P2Pネットワークへのサーバ追加

　P2Pネットワークに参加するサーバを登録します．リスト3の
ようにサーバ1に対してサーバ2およびサーバ3を追加する要求
を行います．各サーバのサーバ情報を確認します．

　次のコマンドで確認し，各サーバが3台分のサーバ情報を持っ
ていれば設定完了です（リスト4）．

```
$ curl  http://192.168.11.101:3000/nodes
| ~/Desktop/CQ/MyBlockChain/jq-osx-
amd64↵
```

リスト3　P2P ネットワークに参加するサーバを登録

```
$ curl -X PUT http://192.168.11.101:3000/node/ -H 'Content-Type:
        application/json' -d '{"host": "192.168.11.102","api_port":
                                           3000,"p2p_port": 4000}'
$ curl -X PUT http://192.168.11.101:3000/node/ -H 'Content-Type:
        application/json' -d '{"host": "192.168.11.103","api_port":
                                           3000,"p2p_port": 4000}'
```

● 2…データを保存する（1回目）

　$ cd ~/Desktop/CQ/MyBlockChain⏎

してから，以下のリクエストを送り，データを保存します．

　$ curl -X POST http://192.168.11.101:3000
/block/ -H 'Content-Type: application/
json' -d "`cat sensor_data.json`"⏎

　各サーバでブロックが1つチェーンにつながれた状態となりま
すので，ブロックを確認します．

　$ curl http://192.168.11.101:3000/blocks |
~/Desktop/CQ/MyBlockChain/jq-osx-amd64⏎

　ブロックの内容およびチェーン上での順番が，全てのサーバで
同じとなっているはずです（リスト5）．

● 3…データを保存する（2回目）

　以下のリクエストを送り，2つ目のデータを保存します．

　$ curl -X POST http://192.168.11.101:3000/
block/ -H 'Content-Type: application/
json' -d "`cat sensor_data2.json`"⏎

　各サーバでブロックが2つチェーンにつながれた状態となりま
すので，ブロックを確認します．

　$ curl http://192.168.11.101:3000/
blocks | ~/Desktop/CQ/MyBlockChain/jq-
osx-amd64⏎

199

リスト4　各サーバが3台分のサーバ情報を持ったP2Pネットワークに参加したサーバを確認(各行の後半は省略)

```
$ curl  http://192.168.11.101:3000
  % Total    % Received % Xferd  A
                                 D
100   175 100    175     0       0
[
  {
    "host": "192.168.11.101",
    "api_port": 3000,
    "p2p_port": 4000
  },
  {
    "host": "192.168.11.102",
    "api_port": 3000,
    "p2p_port": 4000
  },
  {
    "host": "192.168.11.103",
    "api_port": 3000,
    "p2p_port": 4000
  }
]
```

(a) サーバ1の持つサーバ情報

```
$ curl  http://192.168.11.102:3000
  % Total    % Received % Xferd  A
                                 D
100   175 100    175     0       0
[
  {
    "host": "192.168.11.102",
    "api_port": 3000,
    "p2p_port": 4000
  },
  {
    "host": "192.168.11.101",
    "api_port": 3000,
    "p2p_port": 4000
  },
  {
    "host": "192.168.11.103",
    "api_port": 3000,
    "p2p_port": 4000
  }
]
```

(b) サーバ2の持つサーバ情報

```
$ curl  http://192.168.11.103:3000
  % Total    % Received % Xferd  A
                                 D
100   175 100    175     0       0
[
  {
    "host": "192.168.11.103",
    "api_port": 3000,
    "p2p_port": 4000
  },
  {
    "host": "192.168.11.101",
    "api_port": 3000,
    "p2p_port": 4000
  },
  {
    "host": "192.168.11.102",
    "api_port": 3000,
    "p2p_port": 4000
  }
]
```

(c) サーバ3の持つサーバ情報

リスト5　データ保存1回目・・・ブロックの内容およびチェーン上での順番が全てのサーバで同じ（各行の後半は省略）

```
$ curl http://192.168.11.101:3000
  % Total   % Received % Xferd   A
                                  D
100   510  100   510     0        0
[
  {
    "hight": 0,         ← ジェネシス・
    "prev": "",              ブロック
    "hash": "7b7f4951e63d1c65aa66a

  },
  {                    ブロック1
    "hight": 1,
    "prev": "7b7f4951e63d1c65aa66a
    "hash": "55fe536df4784ee956232
    "nonce": "&{110dd900 110dd900
    "powcount": 59,
    "data": "time=201805100800,tem
    "timestamp": 15268213865641605
    "Child": [],
    "Sibling": []
  }
]
```

（a）サーバ1のブロックの状態

```
$ curl http://192.168.11.102:3000
  % Total   % Received % Xferd   A
                                  D
100   510  100   510     0        0
[
  {
    "hight": 0,
    "prev": "",
    "hash": "7b7f4951e63d1c65aa66a

  },
  {
    "hight": 1,
    "prev": "7b7f4951e63d1c65aa66a
    "hash": "55fe536df4784ee956232
    "nonce": "&{110dd900 110dd900
    "powcount": 59,
    "data": "time=201805100800,tem
    "timestamp": 15268213865641605
    "Child": [],
    "Sibling": []
  }
]
```

（b）サーバ2のブロックの状態

```
$ curl http://192.168.11.103:3000
  % Total   % Received % Xferd   A
                                  D
100   510  100   510     0        0
[
  {
    "hight": 0,
    "prev": "",
    "hash": "7b7f4951e63d1c65aa66a

  },
  {
    "hight": 1,
    "prev": "7b7f4951e63d1c65aa66a
    "hash": "55fe536df4784ee956232
    "nonce": "&{110dd900 110dd900
    "powcount": 59,
    "data": "time=201805100800,tem
    "timestamp": 15268213865641605
    "Child": [],
    "Sibling": []
  }
]
```

（c）サーバ3のブロックの状態

201

リスト6　データ保存2回目・・・ブロックの内容およびチェーン上での順番が全ての

```
$ curl  http://192.168.11.101:3000
   % Total     % Received % Xferd  A
                                   D
100   834 100   834     0       0  6
[
  {
    "hight": 0, ←─┌─────────────┐
    "prev": "",   │ジェネシス・  │
                  │ブロック      │
                  └─────────────┘
```
```
    "Child": null,
    "Sibling": null
  },
  {             ┌────────┐
    "hight": 1, │ブロック1│
    "prev": "7b7f4951e63d1c65aa66a
```
```
    "Child": [],
    "Sibling": []
  },
  {             ┌────────┐
    "hight": 2, │ブロック2│
    "prev": "55fe536df4784ee956232
    "hash": "00f3633bd4e52d9974124
    "nonce": "&{10e09300 10e09300
    "powcount": 28,
    "data": "time=201805100801,tem
    "timestamp": 15268215726761270
    "Child": [],
    "Sibling": []
  }
]
```

(a) サーバ1のブロックの状態

```
$ curl  http://192.168.11.102:3000
   % Total     % Received % Xferd  A
                                   D
100   834 100   834     0       0  3
[
  {
    "hight": 0,
    "prev": "",
```
```
    "Sibling": null
  },
  {
    "hight": 1,
    "prev": "7b7f4951e63d1c65aa66a
```
```
    "Child": [],
    "Sibling": []
  },
  {
    "hight": 2,
    "prev": "55fe536df4784ee956232
    "hash": "00f3633bd4e52d9974124
    "nonce": "&{10e09300 10e09300
    "powcount": 28,
    "data": "time=201805100801,tem
    "timestamp": 15268215726761270
    "Child": [],
    "Sibling": []
  }
]
```

(b) サーバ2のブロックの状態

　ブロックの内容およびチェーン上での順番が，全てのサーバで同じとなっているはずです（**リスト6**）．

■ IoTセンサ・データを保存してみる

　ここまではクライアント端末であるMacからデータ保存を実行して動作確認をしました．ここからはより実践的に，ラズベリー・パイに温湿度センサを取り付け，実際に測定した値をMyブロックチェーンに保存してみます．

サーバで同じ（各行の後半は省略）

```
$ curl
http://192.168.11.103:3000
  % Total    % Received % Xferd   A
                                  D
100   834 100   834    0     0   8
[
  {
    "hight": 0,
    "prev": "",
```

```
    "Sibling": null
  },
  {
    "hight": 1,
    "prev": "7b7f4951e63d1c65aa66a
```

```
    "Child": [],
    "Sibling": []
  },
  {
    "hight": 2,
    "prev": "55fe536df4784ee956232
    "hash": "00f3633bd4e52d9974124
    "nonce": "%{10e09300 10e09300
    "powcount": 28,
    "data": "time=201805100801,tem
    "timestamp": 15268215726761270
    "Child": [],
    "Sibling": []
  }
]
```

(c) サーバ3のブロックの状態

● ラズベリー・パイにセンサを取り付ける

今回は温度と湿度を計測するためにDHT11（AOSONG）という温湿度センサを使用します．センサとラズベリー・パイの接続方法はセンサの資料を参照してください．DHT11の場合は**写真2**のように接続します．

● 作るもの

温湿度センサから1分ごとにデータを読み取り5分ごとにMy

203

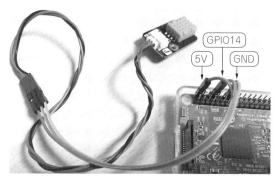

写真2 温湿度センサを接続

リスト7 温度/湿度を取得しMyブロックチェーンに保存するプログラム ——————

```python
 1 #!/usr/bin/env python
 2 # -*- coding: utf-8 -*-
 3
 4 import RPi.GPIO as GPIO
 5 import DHT11_Python.dht11
 6 import requests
 7
 8 import time
 9 import datetime
10 import json
11
12 api_host = "192.168.11.101"
13 api_port = "3000"
14 url = "http://"+api_host+":"+api_port
15 interval = 60
16 data_count = 300/interval
17
18 GPIO.setwarnings(False)
19 GPIO.setmode(GPIO.BCM)
20 GPIO.cleanup()
21 sensor = DHT11_Python.dht11.DHT11(pin=14)
22
23
24 def save_data(data):
25     # 保存するデータを用意
26     savedata = {"data":json.JSONEncoder().encode(data)}
27     out = json.JSONEncoder().encode(savedata)
28
29     # POST でデータを書き込む
30     resp = requests.post(url+"/block/", data=out,
                          headers={'content-type': 'application/json'})
31
```

ブロックチェーンにデータを保存するプログラムを作成します.
プログラムはPythonを使って作成するので,以下のライブラリ
をインストールします.

- DHT11 Python library・・・センサを読み取る
- Requests・・・HTTP処理を行う

DHT11 Python library の詳細は https://github.com/
szazo/DHT11_Python/を参照してください. Requestsの詳
細は http://requests-docs-ja.readthedocs.io/
en/latest/を参照してください.

```
32    return
33
34
35 data = []
36 count = 0
37 while True:
38    count = count + 1
39
40    # センサからデータ取得
41    result = sensor.read()
42    if result.is_valid():
43       temperature = result.temperature
44       humidity = result.humidity
45       now = datetime.datetime.now().isoformat()
46
47       print "Temperature=" + str(result.temperature),
                                  ", Humidity="+str(result.humidity)
48
49       # データを作る
50       data.append({"time":now, "temperature":
                                  temperature,"humidity":humidity})
51    else:
52       print "Failed to get Sensor data."
53
54
55    if count == data_count:
56    # データ保存
57    save_data(data)
58    count = 0
59    data = []
60
61    time.sleep(interval)
```

● 必要ソフトウェアのインストール

DHT11 Python library を以下の手順でインストールします.

```
$ mkdir -p ~/CQ/BChain_CL⏎
$ cd ~/CQ/BChain_CL⏎
$ git clone https://github.com/szazo/
DHT11_Python.git⏎
```

● プログラム詳細

センサから温度と湿度を読み取り My ブロックチェーンに保存するプログラムを**リスト7**に示します.

12行目でリクエストを送るサーバの IP アドレスを設定します. ここでは 192.168.11.101 を指定していますが, 各自の環境に合わせた値としてください.

13行目でリクエストを送るポート番号を設定します. こちらも環境に合わせた値としてください.

15行目でセンサからデータを取得する間隔を設定します. 今回は60秒です.

16行目で, 何回データを取得したら My ブロックチェーンに保存するかを設定します. 今回は5回です.

18~21行目でセンサからデータを読み取るための準備を行います.

24~32行目は, My ブロックチェーンにデータを保存する save_data 関数の定義です.

26~27行目で保存するデータを JSON 形式に変換します.

30行目で My ブロックチェーンへの保存を POST リクエストで送信します.

37~61行目のループがメイン処理です.

41行目でセンサからデータを読み込みます. データを読み込めたら, 50行目で data 変数に取得したデータを入れます. ここで

リスト8　リスト7のプログラム実行結果

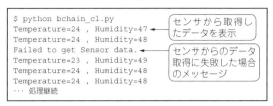

```
$ python bchain_cl.py
Temperature=24 , Humidity=47        ← センサから取得し
Temperature=24 , Humidity=48           たデータを表示
Failed to get Sensor data. ←        ← センサからのデータ
Temperature=23 , Humidity=49           取得に失敗した場合
Temperature=24 , Humidity=48           のメッセージ
Temperature=24 , Humidity=48
… 処理継続
```

は配列で保持します.

55行目で指定回数に達した場合, 57行目でsave_data関数
を呼び出し, Myブロックチェーンへデータ保存します.

61行目は, intervalで指定した時間(60秒)待ちます.

● プログラムの実行準備

本書ウェブ・ページから, プログラム(bchain_cl.py)をダ
ウンロードします(S3フォルダに入っています). ダウンロードし
たプログラムは以下の場所に配置します.

~/CQ/BChain_CL

● 動作確認

以下のようにプログラムを起動します.

$ cd ~/CQ/BChain_CL⏎

$ python bchain_cl.py⏎

起動すると, 1分ごとにセンサ・データを取得し, Myブロック
チェーンにデータが蓄積されます(リスト8).

● 保存されているブロックの確認

作業しているMacのターミナルから以下のコマンドを実行し,
ブロックの状態を確認します.

$ curl　http://192.168.11.101:3000/

リスト9　ブロックの保存状況を確認（各行の後半は省略）───────

```
$ curl  http://192.168.11.101:3000/blocks  |  ~/Desktop/
                            CQ/MyBlockChain/jq-osx-amd64
                              Dload  Upload   Total
100   186  100   186    0     0   3469    0 --:--:--
[
  {
    "hight": 0,
    "prev": "",                    ┌─ スタート時，ブロックはなし
    "hash": "7b7f4951e63d1c65aa66a7b4684f6598d16362e43
    "nonce": "",
    "powcount": 0,
    "data": "Genesis Block",
    "timestamp": 0,
    "Child": null,
    "Sibling": null
  }
]


$ curl  http://192.168.11.101:3000/blocks  |  ~/Desktop/
                            CQ/MyBlockChain/jq-osx-amd64
  % Total    % Received % Xferd  Average Speed   Time
                              Dload  Upload   Total
100   798  100   798    0     0   4957    0 --:--:--
[
  {
    "hight": 0,
    "prev": "",
```

```
    "Sibling": null              ┌─ 5分後…1つ目のブロック
  },                             │  が記録された．
  {
    "hight": 1,
    "prev": "7b7f4951e63d1c65aa66a7b4684f6598d16362e43
    "hash": "b70aa7c704c51b98f9aa4637c4cdcc75986f43a3a
    "nonce": "&{12108c00 12108c00 0 0}",
```

```
blocks  |  ~/Desktop/CQ/MyBlockChain/jq-
osx-amd64↵
```

プログラムから送られたデータが保存されていれば正しく動作
しています（**リスト9**）．

■ センサ値を元に全ラズパイがアクションする実験

● できるようになること

今回は1台のラズベリー・パイがセンサ・データを取得したら，
ネットワークに参加する全ラズベリー・パイでも同じデータを共

208

```
    "powcount": 59,
    "data": "[{¥"humidity¥": 47, ¥"temperature¥": 24,
    "timestamp": 1528066299290551800,
    "Child": [],
    "Sibling": []
  }
]


$ curl  http://192.168.11.101:3000/blocks  |  ~/
                Desktop/CQ/MyBlockChain/jq-osx-amd64
  % Total    % Received % Xferd  Average Speed   Time
                                 Dload  Upload   Tota
100  1493  100  1493    0     0  21835      0 --:--:-
[
  {
    "hight": 0,
```

```
    "Sibling": null
  },
  {
    "hight": 1,
```

```
    "Sibling": []
  },
  {
    "hight": 2,
    "prev": "b70aa7c704c51b98f9aa4637c4cdcc75986f43a3
    "powcount": 59,
    "data": "[{¥"humidity¥": 48, ¥"temperature¥": 24,
    "Child": [],
    "Sibling": []
  }
]
```

> 10分後…2つ目のブロックが記録された.

有できることを示しました．これを応用すると，次のようなことができます．

某所に設置した温湿度センサが一定値を越えたら，全部屋に設置した換気扇を回す．

（前提：部屋ごとに換気扇＋制御用ラズベリー・パイが設置されている）

上記の実現例として，端末1に接続したセンサ・データを元に，端末1〜端末3に接続したUSB扇風機を動かすプログラムを作りました（**リスト10**）．**リスト10**は251ページに示します．

209

上記をブロックチェーンで作るメリットですが，もし，母親や奥さんに「洗濯物が濡れている気がするんだけど」と言われたときに，「何時何分に扇風機を回しましたよ，証拠は改ざん不可能なブロックチェーンに記録されています」と言えることです．

　この実験では，ブロックチェーンを取引の記録としてのみでなく，装置制御の指示基盤として使ってみました．ブロックチェーンを使えば，信頼性のある装置制御指示を実現できるので，一般的には難しいインターネットを経由した「間違わない信頼性のあるリモート制御」を実現できると考えます．

● 実験概要

　実験では，温湿度センサのデータを記録するプログラム（bchain_cl.py）でブロックチェーンに保存したデータ取得し，取得した温度または湿度がある条件を満たす場合にラズベリーパイに接続したUSBファンを回したり止めたりするプログラム（fan.py，本書ウェブ・ページから入手）を使います．

　また，USBファンの制御はUSBポートへの電源供給をON/OFFすることにより行います．USBポートへの給電制御は以下のサイトで公開されているプログラムを使用します．

```
http://www.gniibe.org/development/ac-
power-control-by-USB-hub/index.html
http://www.gniibe.org/oitoite/ac-power-
control-by-USB-hub/hub-ctrl.c
```

● プログラム

　リスト10（251ページ）にfan.pyを示します．

　14～15行目はMyブロックチェーンに接続する先の設定です．

　19行目でintervalを60秒に設定します．これは，ブロックチェーンから情報を取得する際の待ち時間となります．

25～28行目は，ファンの動作を制御するためのしきい値設定です．

`temperature_to_start`は，ここに設定されている温度を上回った場合にファンを回します．

`humidity_to_start`は，ここに設定されている湿度を上回った場合にファンを回します．

`temperature_to_stop`は，ここに設定されている温度を下回った場合にファンを停止します．

`humidity_to_stop`は，ここに設定されている湿度を下回った場合にファンを停止します．

32～38行目の`do_command`関数は，`cmd`で指定される外部コマンドを実行する関数です．コマンド実行が成功すると0を返し，失敗した場合は0以外を返します．

42～44行目の`start_fan`関数は，USBファンを回すために，USBへの給電を開始するためのコマンド（`hub-ctrl -b 1 -d 2 -P 2 -p 1`）を実行します．

48～50行目の`stop_fan`関数は，USBファンを停止するために，USBへの給電を終了するためのコマンド（`hub-ctrl -b 1 -d 2 -P 2 -p 0`）を実行します．

54～73行目の`get_block`関数は，ブロック番号`id`で指定されるブロックからデータを取得する関数です．

58行目で，ブロックチェーンから指定ブロックを取り出します．

63行目でブロックからデータ（`'data'`）を取り出し，67行目でJSONオブジェクトに変換します．

73行目でJSONオブジェクトを結果として返します．

77～80行目の`save_log`関数は，ファンの操作記録をブロックチェーンに保存する関数です．

78～79行目で，メッセージをJSON形式のデータにし，80行目でブロックチェーンへの記録をリクエストします．

84～123行目が処理のメイン・ループです.

88行目で，get_block関数を呼び出しブロックの中からデータを取得します.

94行目で，データの中に複数保存されている温湿度データから最新のものを取り出します.

97行目で，現在日時を取得します.

100行目で，温湿度の測定日時を取得します.

103行目の判定で現在時刻から10分以上過ぎているデータは無視します.

104行目で温度，105行目で湿度を取り出します.

次にファンの操作を行うかどうか判定します．ファンが動作中であれば，ファンを停止させる温度または湿度を下回っているか確認し，下回っている場合はstop_fan関数を呼び出しファンを停止させます(107～112行目).

111行目でファンを停止させたことをブロックチェーンに記録します.

ファンが停止している場合，ファンを回す温度または湿度を上回っているか確認し，上回っている場合はstart_fan関数を呼び出しファンを開始させます(113～118行目).

117行目でファンを回したことをブロックチェーンに記録します.

● **実験手順**

以下の操作はUSBファンを接続した全てのラズベリーパイで実施してください.

▶ **1.USBポートの給電制御コマンドをインストール**

```
$ mkdir -p /home/pi/CQ/FAN⏎
$ cd /home/pi/CQ/FAN⏎
$ sudo apt-get install libusb-dev⏎
```

```
$ wget http://www.gniibe.org/oitoite/ac-
power-control-by-USB-hub/hub-ctrl.c⏎
$ cc hub-ctrl.c -o hub-ctrl -lusb⏎
```
ビルドが成功するとhub-ctrlというファイルが作成されます.

▶ 2.ポートへの給電を停止

以下のコマンドを実行し，USBポートへの給電を停止します.

```
$ sudo /home/pi/CQ/FAN/hub-ctrl -b 1 -d
2 -P 2 -p 0⏎
```

▶ 3.USB ファンの接続

ラズベリー・パイのUSBポートにファンを接続します. スイッチはONの状態とします.

▶ 4.USB ファン制御プログラムのインストール

本書ウェブ・ページからプログラム(fan.py)をダウンロードし，/home/pi/CQ/FAN/ 配下に配置します. 以下のコマンドを実行しプログラムの実行権を設定します.

```
$ chmod +x  /home/pi/CQ/FAN/fan.py⏎
```

なお，fan.pyの14行目のIPアドレスおよび15行目のポート番号は，環境に合わせて変更してください.

▶ 5.プログラムの起動

前提として，ここまでの実験で動かしたMyブロックチェーンと温湿度センサ・データを記録するプログラムは動作していることとします. 以下のコマンドを実行してプログラムを起動します. プログラムが起動すると温度や湿度の変化に応じてUSBファンが制御されます.

```
$ sudo /home/pi/CQ/FAN/fan.py⏎
check condition:25,51
check condition:35,76
Start FAN ← 条件を満たしたのでファンを回した
```

```
check condition:27,47
Stop FAN ◄─[条件を満たしたのでファンを止めた]
```

● ラズベリー・パイ4でも実験できます

ラズベリー・パイは，世代によって内部構造が異なります．ラズベリー・パイ4Bを使う際には，上記のhub-ctrlコマンドでは，USBの電源制御がうまく行えませんでした．

ラズベリー・パイ4BでUSB電源の制御を行う場合，uhubctl（https://github.com/mvp/uhubctl）コマンドを使ってください．ラズベリー・パイ4Bで実験を行う場合は以下のように変更してください．

▶ 1. uhubctlコマンドの準備

以下の手順でコマンド・ソースの入手とコマンドの配置を行ってください．

```
$ sudo apt-get install libusb-1.0-0-dev◙
$ git clone https://github.com/mvp/
uhubctl.git◙
$ cd uhubctl/◙
$ make◙
$ cp -p uhubctl /home/pi/CQ/FAN/◙
```

▶ 2. 動作確認

以下のコマンドでUSB電源を制御してUSBファンを起動/停止できます．

停止：
```
$ sudo /home/pi/CQ/FAN/uhubctl -l 1-1
-a OFF
```
起動：
```
$ sudo /home/pi/CQ/FAN/uhubctl -l 1-1
-a on
```

▶ **3.USBファン制御プログラム(`fan.py`, リスト10)の修正**

44行目と50行目を以下のように書き換えてください.

44行目：

```
return  do_command("/home/pi/CQ/FAN/
uhubctl -l 1-1  -a on")
```

50行目：

```
return  do_command("/home/pi/CQ/FAN/
uhubctl -l 1-1  -a OFF")
```

なお，`uhubctl`コマンドでもラズベリー・パイ3Bや3B+の
USB電源を制御できますが，EthernetがUSB接続されている関
係で，`-p 2`オプションでポートを指定しないとネットワーク
も止まってしまうので気をつけてください.

ちなみにラズベリー・パイ4Bにおいてポート指定を行う場合
は`-p 1`を指定してください.

〈土屋 健〉

プログラムの改良…
ブロック・データが失われないようにする

　前章までのMyブロックチェーンは，データをメモリ上にのみ保持していました．そのためディスク・アクセスがないので処理は高速ですが，プログラムを終了させた場合に全てのデータがなくなっていました．そこで，ディスクにもブロックを保存する改善を行い，プログラムを再起動してもブロックチェーンに記録したデータが失われないようにしました[注1].

● 仕様

- 基本的な動作はメモリで行うのは変わらないが，ブロックをディスクへも保存する
- 起動時にはディスクからブロックを読み込み，過去のデータも維持された状態とする
- ブロックはJSON形式でディスクに保存する
- ファイル名はブロックチェーンのインデックス(Hight)とする
- 読み込み時にはファイル名の昇順に読み込んでチェーンを再現する
- プログラム起動時にデータ保存先ディレクトリを指定した場合，ディスク保存するモードとする(指定がない場合はこれまで通りメモリ上にのみデータを保持する)

注1：第3部第1章〜第2章のために用意したプログラム MyBlockChain-ver0.1.tar.gzを作成したのは2018年前半です．今回，本書の発刊を機に，改良版のプログラム MyBlockChain0.2.tar.gzを用意しました.

■ プログラムの変更点

プログラムに以下の変更を加えました.

1) ブロックをディスクに保存する処理を追加
2) ブロックをディスクから読み出す処理を追加
3) 起動オプションの追加
4) 起動時にディスクからブロックチェーンを復元する処理を追加
5) 保存先が指定されている場合にディスクへもブロックを保存する処理を追加

今回変更を行った部分のプログラムを以下に示します.

リスト1:block.goの変更箇所(254ページに示す)

リスト2:main.goの変更箇所

それぞれの処理について説明します.

● ブロックをディスクに保存する処理

まずは,ブロックをディスクに保存する処理です.

リスト1(block.go)の中でディスクIOを行うかどうかを示す変数としてDISK_IOを追加します(33~35行目).

ブロックチェーン管理構造体にデータ保存場所を保持するdatadirメンバを追加します(63行目).

ここにはInit関数に追加した引き数で指定された値を設定します(217行目).

97~114行目のsave関数でブロックをディスクに保存します.引き数でデータ保存場所を指定されるので,そこにブロックのHightをファイル名として結合してパスを組み立てます(99行目).

ブロック自体をJSON形式のデータにし(102行目),それを書き込みます(107行目).

363行目からのblockAppendSimple関数にはsave関数を使ってブロックを保存する処理を実行します．まずはblockAppendSimple関数にモードを指定するinit引き数を追加します．これは起動時のブロックチェーンを再構築する際にはディスクに保存しないことを示すものです．

　ブロックの保存は2カ所で行っています（377行目，387行目）．それぞれ初期化モードではない（initがfalse），かつ保存するモード（DISK_IOがtrue）である場合に，save関数を呼び出してブロック保存を行っています．

　410行目からのAddBlock関数ではblockAppendSimple関数を呼び出している箇所があるので（420行目，441行目），それぞれ初期化モードをfalseに設定するように引き数を指定します．

● ブロックをディスクから読み出す処理

　次にブロックをディスクから読み出す処理です．

　リスト1の117〜143行目のloadBlock関数は，ディスクからブロックを読み出す関数です．引数で指定されたデータ保存場所（datadir）とファイル名（name）からパス名を組み立てます（119行目）．

　122行目でファイルの内容を読み込み，129，130行目でブロックデータ（Block）を作成します．

　137行目でハッシュ値を使った正当性確認を行い問題がある場合はデータを破棄します．

● 初期化処理の変更箇所

　最後に初期化処理の変更箇所について説明します．

　リスト1の168〜204行目のloadChain関数は，ディスクに保存されているデータからブロックチェーンを再構築する処理で

す.

176〜181行目の処理でデータ保存場所にあるファイルの一覧を取得します.

188行目でファイル名(数値)の昇順にソートします.

192〜200行目で,取得したファイル一覧の各ファイルについて,データを読み込みブロック化(loadBlock関数)しチェーンにつなぎ(blockAppendSimple関数)ます.

リスト1の146〜165行目のcreateDataDir関数はデータを保存するディレクトリを作成する処理です.

149行目でディレクトリの存在を確認します. ディレクトリが存在する場合で引き数でfalseが指定された場合は,何もせずに終了します(153行目). ディレクトリが存在し引き数でtrueが指定されて他場合はディレクトリ配下のファイルを含めてディレクトリを削除します(156行目). 最後に指定ディレクトリを作成します(163行目).

リスト1の207行目からのInit関数には,データ保存場所を示すdatadir引き数を追加します.

そして初期化の最後にデータ保存領域の作成またはブロック・データを読み込んでブロックチェーンの再構築を行います(230〜241行目).

230行目でデータ保存場所が指定されたか確認し,指定されない場合はDISK_IOにfalseを設定し処理を終了します.

データ保存場所が指定された場合DISK_IOをtrueにします(235行目).

そして,237行目でディレクトリ作成処理(createDataDir関数)を呼び出します. この時引き数にはfalseを指定し保存されているデータが削除されないようにします. 続いて,loadChain関数を呼び出しディスクからブロックを読み込み初期化処理を終了します.

● データ保存場所を指定する処理を追加

リスト2の170行目からのmain関数に，データ保存場所を指定する処理を追加しました．

177行目で-datadirというオプションでデータ保存場所を指定できるように起動引き数を解析する処理を行います．

183行目で指定されたオプションを内部変数data_dirに保存します．

202行目のBlockChainモジュールの初期化処理Init呼び出し時にdata_dirを指定するように引数を渡します．

■ 動作確認

改善したMyブロックチェーンの動作を確認してみます．ここ

リスト2 **main.goの変更箇所**

```
169    // メイン処理
170    func main() {
171
172        // オプションの解析
173        apiport := flag.Int("apiport", API_PORT, "API port number")
174        p2pport := flag.Int("p2pport", P2P_PORT, "P2P port number")
175        host := flag.String("host", HOST, "p2p port number")
176        first := flag.Bool("first", false, "first server")
177        datadir := flag.String("datadir", "", "path to save data")
178        flag.Parse()
179
180        api_port := uint16(*apiport)
181        p2p_port := uint16(*p2pport)
182        my_host := *host
183        data_dir := *datadir
184
200        // Block Chainモジュールの初期化
201        bc = new(Block.BlockChain)
202        _, err = bc.Init(p2p, true, data_dir) // 本当は1つ目のサーバのみ
                                                   trueで他のものはfalse，そしてgenesisブロックも転送が必要
203        if err == nil {
204            fmt.Println("Block Chain module initialized.")
205        } else {
206            fmt.Println(err)
207            return
208        }
```

では1台のMac上で3つのプロセスを起動する場合の手順を説明します．複数台使用する場合でも，ラズベリー・パイの場合でも基本的には同じ手順です．確認の流れは以下の通りです．

● 1，更新版プログラムの配置
　CQ出版社のWebページからMyBlockChain0.2.tar.gzをダウンロードして展開します．

https://www.cqpub.co.jp/interface/
download/contents.htm

ビルドまでの流れは既に説明した通りです．

● 2，Myブロックチェーンの起動
　ターミナルを起動して以下のコマンドを実行してMyブロックチェーンプロセスを立ち上げます．以下は3プロセス動作させる場合の例です．

▶ターミナル1での起動
```
$ ./MyBlockChain -apiport 3000 -p2pport 4000
-first -datadir ~/Desktop/CQ/MyBlockChain
/datadir1
```

▶ターミナル2での起動
```
$ ./MyBlockChain -apiport 3001 -p2pport 4001
-first -datadir ~/Desktop/CQ/MyBlockChain
/datadir2
```

▶ターミナル3での起動
```
$ ./MyBlockChain -apiport 3002 -p2pport 4002
-first -datadir ~/Desktop/CQ/MyBlockChain
/datadir3
```

注2：<N>は1，2，3のいずれか．

ここではデータ保存場所として ~/Desktop/CQ/MyBlock Chain/datadir<N>を使用するため，-datadirオプションで指定します．

　リスト3に起動メッセージの例を示します．起動したらノード情報を登録してネットワークを構成します．ノード追加はこれまで通り，**リスト4**のコマンドを実行して行います．

リスト3　起動メッセージの例

```
$ ./MyBlockChain -apiport 3000 -p2pport 4000 -first --datadir ~/
Desktop/CQ/MyBlockChain/datadir1
HOST: 127.0.0.1
API port: 3000
P2P port: 4000
DATA Folder: /Users/tsuyo/Desktop/CQ/MyBlockChain/datadir1
P2P_init
127.0.0.1:4000 connected.
P2P module initialized.
Block_init
Start p2p server 127.0.0.1 4000
MEMORY & DISK mode    ←ディスクに保存する場合のメッセージ．メモリだけで
loadChain: start        動作する場合 "MEMORY mode" と表示される
loadChain: finish
Block Chain module initialized.


   ___  ___  __
  / __// __// /
 / _// _/ _ \/ _ \
/___/\_//_//_/\___/ v4.1.11
High performance, minimalist Go web framework
https://echo.labstack.com
_____O/_____
                                    O\
? http server started on 127.0.0.1:3000
```

リスト4　ノードの追加コマンド

```
$ curl -X PUT http://127.0.0.1:3000/node/ -H 'Content-Type:
application/json' -d '{"host": "127.0.0.1", "api_port":3001,
                                               "p2p_port":4001}'
$ curl -X PUT http://127.0.0.1:3000/node/ -H 'Content-Type:
application/json' -d '{"host": "127.0.0.1", "api_port":3002,
                                               "p2p_port":4002}'
```

● 3，データ保存ディレクトリの確認

　起動が完了したところで，データ保存ディレクトリを確認します．ディレクトリが存在しない場合は新規作成されます．**リスト5**のようにfindコマンドを使ってディレクトリが存在することを確認します．

● 4，ブロックの登録

　では，データを保存してみます．ブロックへのデータ登録方法はこれまで通り以下の方法で行います．

　＜追加データ:sensor_data.json＞

```
{
    "data":"time=201805100800,temperatu
re=24,humidity=35"}
}
```

　＜追加コマンドの実行＞

```
$ curl -X POST http://127.0.0.1:3000/
block/ -H 'Content-Type: application/
json' -d "`cat sensor_data.json`"
```

　コマンド実行後，マイニングを行いブロックが登録されます．**リスト6**のようにブロックが確認できれば正常に終了しています．"hight": 1のデータが登録したブロックです．

● 5，ブロックの保存状態の確認

　ブロックの登録が確認できたら，ディスクに保存されているこ

リスト5　findコマンドを使ってディレクトリが存在することを確認する

```
$ find ~/Desktop/CQ/MyBlockChain/datadir*
/Users/tsuyo/Desktop/CQ/MyBlockChain/datadir1
/Users/tsuyo/Desktop/CQ/MyBlockChain/datadir2
/Users/tsuyo/Desktop/CQ/MyBlockChain/datadir3
$
```

リスト6 このリストのようにブロックが確認できれば正常に終了している

```
$ curl http://127.0.0.1:3000/blocks | ~/Desktop/CQ/MyBlockChain/jq-
  % Total    % Received % Xferd  Average Speed  Time    Time
                                 Dload  Upload  Total   Spent
100   515  100   515    0     0   451k      0 --:--:-- --:--:-- --:-
[
  {
    "hight": 0,
    "prev": "",
    "hash": "7b7f4951e63d1c65aa66a7b4684f6598d16362e43776c118e7089e
    "nonce": "",
    "powcount": 0,
    "data": "Genesis Block",
    "timestamp": 0,
    "Child": null,
    "Sibling": null
  },
  {
    "hight": 1,
    "prev": "7b7f4951e63d1c65aa66a7b4684f6598d16362e43776c118e7089e
    "hash": "00a36aa716f84d1b8bc088e4946044f1dbe91c4409caa4c125a9cc
    "nonce": "&{c0001aaa00 c0001aaa00 0 0}",
    "powcount": 59,
    "data": "time=201805100800,temperature=24,humidity=35",
    "timestamp": 1573056953672455000,
    "Child": [],
    "Sibling": []
  }
]
$
```

とを確認します．まずは**リスト7**のコマンドを実行し，ファイル
の存在を確認します．このように各データ保存ディレクトリ配下
に"1"というファイルが作成されていることが確認できます．

　続いて**リスト8**のようにファイルの中身を確認します．前項4
で確認したブロックと同じ内容が出力されます（Child と Sibling
は内部管理のメンバなので少し表示が異なりまるが問題ありませ
ん）．

　これでメモリ上のだけなく，ディスク上にもブロックが保存さ
れることが確認できました．

リスト7　ブロックの登録が確認できたらディスクに保存されていることを確認する

```
$ find ~/Desktop/CQ/MyBlockChain/datadir*
/Users/tsuyo/Desktop/CQ/MyBlockChain/datadir1
/Users/tsuyo/Desktop/CQ/MyBlockChain/datadir1/1
/Users/tsuyo/Desktop/CQ/MyBlockChain/datadir2
/Users/tsuyo/Desktop/CQ/MyBlockChain/datadir2/1
/Users/tsuyo/Desktop/CQ/MyBlockChain/datadir3
/Users/tsuyo/Desktop/CQ/MyBlockChain/datadir3/1
$
```

リスト8　ファイルの中身を確認する

```
$ cat ~/Desktop/CQ/MyBlockChain/datadir1/1 | ~/Desktop/CQ/
MyBlockChain/jq-osx-amd64
{
  "hight": 1,
  "prev": "7b7f4951e63d1c65aa66a7b4684f6598d16362e43776c118e7089e54
  "hash": "00a36aa716f84d1b8bc088e4946044f1dbe91c4409caa4c125a9ccf1
  "nonce": "&{c0001aaa00 c0001aaa00 0 0}",
  "powcount": 59,
  "data": "time=201805100800,temperature=24,humidity=35",
  "timestamp": 1573056953672455000,
  "Child": [],
  "Sibling": []
}
$
```

● 6，再起動時のブロックチェーン復元の確認

　最後にプログラムを再起動してブロックチェーンが再構築されることを確認します．まず，起動中のプログラムを停止します（Ctl-Cを入力して強制終了）．その後，上記2の「Myブロックチェーンの起動」の手順でプログラムを起動します．

　プログラム起動後に，ブロックチェーンの状態を確認します（リスト9）．このようにブロック情報が表示され，登録済みのデータを使ってブロックチェーンが再構築されたことが確認できます．

　以上が，ブロック情報をディスク上に永続化するための改善となります．

〈土屋　健〉

225

リスト9　プログラム起動後にブロックチェーンの状態を確認する

```
$ curl http://127.0.0.1:3000/blocks | ~/Desktop/CQ/MyBlockChain/
  % Total    % Received % Xferd  Average Speed   Time    Time
                                 Dload  Upload   Total   Spent
100   515  100    515    0      0   285k      0 --:--:-- --:--:-- --:-
[
  {
    "hight": 0,
    "prev": "",
    "hash": "7b7f4951e63d1c65aa66a7b4684f6598d16362e43776c118e7089e
    "nonce": "",
    "powcount": 0,
    "data": "Genesis Block",
    "timestamp": 0,
    "Child": null,
    "Sibling": null
  },
  {
    "hight": 1,
    "prev": "7b7f4951e63d1c65aa66a7b4684f6598d16362e43776c118e7089e
    "hash": "00a36aa716f84d1b8bc088e4946044f1dbe91c4409caa4c125a9cc
    "nonce": "&{c0001aaa00 c0001aaa00 0 0}",
    "powcount": 59,
    "data": "time=201805100800,temperature=24,humidity=35",
    "timestamp": 1573056953672455000,
    "Child": [],
    "Sibling": []
  }
]
$
```

プログラムはダウンロード・データで提供します.

第3部 第1章 リスト1

```go
1  /*
2    My Block Chain: main
3  */
4  package main
5
6  import (
7    "flag"
8    "fmt"
9    "github.com/labstack/echo"
10   "github.com/labstack/echo/middleware"
11   "net/http"
12   "strconv"
13
14   "./Block"
15   "./P2P"
16 )
17
18 const (
19   HOST  = "127.0.0.1"
20   API_PORT = 3000
21   P2P_PORT = 4000
22
23   INIT= "/init/"
24   BLOCKLIST = "/blocks"
25   BLOCK  = "/block/"
26   NODELIST  = "/nodes"
27   NODE= "/node/"
28   MALICIOUS_BLOCK = "/malicious_block/"
29
30   debug_mode = false
31 )
32
33 var (
34   p2p *P2P.P2PNetwork
35   bc  *Block.BlockChain
36 )
37
38 // ブロック一覧取得
39 func listBlocks(c echo.Context) error {
40   fmt.Println("listBlocks:")
41   blocks := bc.ListBlock()
42   return c.JSON(http.StatusOK, blocks)
43 }
44
45 // 特定のブロックの内容を取得
46 func getBlock(c echo.Context) error {
47   id := c.Param("id")
48   fmt.Println("getBlock: ", id)
49
50   // ブロック検索
51   // データの中身で検索
```

リスト1　API部のプログラム

227

第3部 第1章 リスト1

```
52   block := bc.GetBlockByData([]byte(id))
53   if block != nil {
54     return c.JSON(http.StatusOK, block)
55   }
56   // indexで検索
57   index, err := strconv.Atoi(id)
58   if err == nil {
59     block := bc.GetBlockByIndex(index)
60     if block != nil {
61       return c.JSON(http.StatusOK, block)
62     }
63   }
64   // ハッシュで検索
65   block = bc.GetBlock(id)
66   if block != nil {
67     return c.JSON(http.StatusOK, block)
68   }
69
70   return echo.NewHTTPError(http.StatusNotFound,
                                   "Block is not found.id="+id)
71 }
72
73 // ネットワークに接続しているサーバー覧を取得
74 func listNodes(c echo.Context) error {
75   fmt.Println("listNodes:")
76   nodes := p2p.List()
77   return c.JSON(http.StatusOK, nodes)
78 }
79
80 type Data struct {
81   Data string `json:"data"`
82 }
83
84 // ブロックに記録するデータを渡し，ブロック作成を依頼する
85 func createBlock(c echo.Context) error {
86   fmt.Println("createBlock:")
87
88   if bc.IsMining() {
89     // マイニングは同時実行しない
90     return echo.NewHTTPError(http.StatusConflict, "Already Mining")
91   }
92
93   data := new(Data)
94   err := c.Bind(data)
95   if err != nil {
96     fmt.Println(err)
97     return echo.NewHTTPError
                       (http.StatusBadRequest, "Invalid data info.")
98   }
99   // データ保存処理
100  bc.SaveData([]byte(data.Data))
101
102  return c.NoContent(http.StatusOK)
103 }
```

```
104
105  // ネットワークにサーバを追加
106  func addNode(c echo.Context) error {
107   fmt.Println("addNode:")
108
109   node := new(P2P.Node)
110
111   // サーバ情報取得 (JOSN形式のリクエストから情報を取り出す)
112   err := c.Bind(node)
113   if err != nil {
114    fmt.Println(err)
115    return echo.NewHTTPError
                       (http.StatusBadRequest, "Invalid server info.")
116   }
117
118   // サーバ追加
119   id, err := p2p.Add(node)
120   if debug_mode {
121    fmt.Println(id)
122    fmt.Println(err)
123   }
124
125   return c.NoContent(http.StatusOK)
126  }
127
128  // ブロックチェーンの初期化
129  func initBlockChain(c echo.Context) error {
130   id := c.Param("id")
131   fmt.Println("initBlockChain: ", id)
132
133   index, err := strconv.Atoi(id)
134   if err != nil {
135    return echo.NewHTTPError(http.StatusBadRequest, "Invalid Hight.")
136   }
137   bc.SyncBlockChain(index)
138
139   return c.NoContent(http.StatusOK)
140  }
141
142  type BlockModify struct {
143   Hight int    `json:"hight"`
144   Data  string `json:"data"`
145  }
146
147  // データの書き換え
148  func maliciousBlock(c echo.Context) error {
149   fmt.Println("maliciousBlock:")
150
151   data := new(BlockModify)
152
153   // リクエストデータを取得 (JOSN形式のリクエストから情報を取り出す)
154   err := c.Bind(data)
155   if err != nil {
156    return echo.NewHTTPError(http.StatusBadRequest, "Invalid data.")
```

229

```go
157  }
158
159  bc.Modify(data.Hight, data.Data)
160
161  return c.NoContent(http.StatusOK)
162 }
163
164 // バージョン番号を返す
165 func requestHandler(c echo.Context) error {
166  return c.String(http.StatusOK, "My Block Chain Ver0.1")
167 }
168
169 // メイン処理
170 func main() {
171
172  // オプションの解析
173  apiport := flag.Int("apiport", API_PORT, "API port number")
174  p2pport := flag.Int("p2pport", P2P_PORT, "P2P port number")
175  host := flag.String("host", HOST, "p2p port number")
176  first := flag.Bool("first", false, "first server")
177  flag.Parse()
178
179  api_port := uint16(*apiport)
180  p2p_port := uint16(*p2pport)
181  my_host := *host
182
183  fmt.Println("HOST:", my_host)
184  fmt.Println("API port:", api_port)
185  fmt.Println("P2P port:", p2p_port)
186
187  // P2Pモジュールの初期化
188  p2p = new(P2P.P2PNetwork)
189  _, err := p2p.Init(my_host, api_port, p2p_port)
190  if err == nil {
191   fmt.Println("P2P module initialized.")
192  } else {
193   fmt.Println(err)
194   return
195  }
196
197  // Block Chainモジュールの初期化
198  bc = new(Block.BlockChain)
199  _, err = bc.Init(p2p, true)  // 本当は1つ目のサーバのみtrueで他のものは
                                  // false，そしてgenesisブロックも転送が必要
200  if err == nil {
201   fmt.Println("Block Chain module initialized.")
202  } else {
203   fmt.Println(err)
204   return
205  }
206  if *first {
207   bc.Initialized()
208  }
209  if debug_mode {
```

```
210    fmt.Println(p2p)
211    fmt.Println(bc)
212  }
213
214  // アクション登録
215  p2p.SetAction(P2P.CMD_NEWBLOCK, bc.NewBlock)
216  p2p.SetAction(P2P.CMD_ADDSRV, p2p.AddSrv)
217  p2p.SetAction(P2P.CMD_SENDBLOCK, bc.SendBlock)
218  p2p.SetAction(P2P.CMD_MININGBLOCK, bc.MiningBlock)
219  p2p.SetAction(P2P.CMD_MODIFYDATA, bc.ModifyData)
220
221  // Echoセットアップ
222  e := echo.New()
223
224  // アクセスログの設定
225  e.Use(middleware.Logger())
226
227  // エラー発生時の対処設定
228  e.Use(middleware.Recover())
229
230  // ブラウザからjavascriptを使ってAPI呼び出しできるようにCORS対応
231  e.Use(middleware.CORSWithConfig(middleware.CORSConfig{
232    AllowOrigins: []string{"*"},
233    AllowMethods: []string{echo.GET, echo.PUT,
                                  echo.POST, echo.DELETE, echo.HEAD},
234  }))
235
236  // リクエストハンドラ登録
237  e.GET("/", requestHandler)
238  e.GET(BLOCKLIST, listBlocks)
239  e.GET(BLOCK+":id", getBlock)
240  e.POST(BLOCK, createBlock)
241  e.GET(NODELIST, listNodes)
242  e.POST(NODE, addNode)
243  e.PUT(NODE, addNode)
244  e.POST(MALICIOUS_BLOCK, maliciousBlock)
245
246  e.POST(INIT+":id", initBlockChain)
247
248  // サーバの起動
249  e.Logger.Fatal(e.Start(my_host + ":" + strconv.
                                  FormatInt(int64(api_port), 10)))
250  }
```

231

```go
 1  /*
 2    My Block Chain: P2P Network module
 3  */
 4  package P2P
 5
 6  import (
 7   "encoding/json"
 8   "errors"
 9   "fmt"
10   "net"
11   "strconv"
12   "time"
13  )
14
15  const (
16   CMD_NEWBLOCK = 1
17   CMD_ADDSRV= 2
18   CMD_DELSRV= 3
19   CMD_SENDBLOCK= 4
20   CMD_MININGBLOCK = 5
21   CMD_MODIFYDATA  = 6
22
23   debug_mode = false
24  )
25
26  // サーバ管理の構造体
27  type Node struct {
28   Host string`json:"host" form:"host" query:"host"`
29   ApiPort uint16`json:"api_port" form :"api_port" query:"api_port"`
30   P2PPort uint16`json:"p2p_port" form :"p2p_port" query:"p2p_port"`
31   Self bool   `json:"-"`
32   Conn net.Conn `json:"-"`
33  }
34
35  // ネットワーク接続
36  func (node *Node) connect() {
37   target := node.Host + ":" + strconv.Itoa(int(node.P2PPort))
38
39   if debug_mode {
40    fmt.Println("target = ", target)
41   }
42
43   conn, err := net.Dial("udp", target)
44   if err != nil {
45    fmt.Println("failed to connect ", target, err)
46    node.Conn = nil
47   } else {
48    fmt.Println(target, "connected.")
49    node.Conn = conn
50   }
51  }
52
53  // ネットワーク切断
54  func (node *Node) disconnect() {
```

リスト2　P2Pネットワーク部のプログラム

```go
55  if node.Conn != nil {
56   node.Conn.Close()
57  }
58 }
59
60 // メッセージ送信
61 func (node *Node) Send(msg []byte) error {
62  fmt.Println("Send to ", node.me(), ":", string(msg), len(msg))
63
64  err := error(nil)
65  if node.Conn != nil {
66   n, err := node.Conn.Write(msg)
67   if err != nil {
68    fmt.Println("Write error:", n, err)
69   }
70  } else {
71   err = errors.New("Not connected:" + node.me())
72   fmt.Println("Not connected:", node.me())
73  }
74
75  return err
76 }
77
78 // サーバのアドレス情報の組み立て
79 func (node *Node) me() string {
80  return node.Host + ":" + strconv.
                                 FormatInt(int64(node.P2PPort), 10)
81 }
82
83 type act_fn func([]byte) error
84
85 // 自身のアドレス情報を返す
86 func (p2p *P2PNetwork) Self() string {
87  for _, n := range p2p.nodes {
88   if n.Self {
89    return n.me()
90   }
91  }
92  return ""
93 }
94
95 // P2P通信のサーバ処理
96 func (p2p *P2PNetwork) p2p_srv(host string, port uint16) {
97  fmt.Println("Start p2p server", host, port)
98
99  udpAddr := &net.UDPAddr{
100   IP:net.ParseIP(host),
101   Port: int(port),
102  }
103  updLn, err := net.ListenUDP("udp", udpAddr)
104  if err != nil {
105   fmt.Println("listen error", err)
106   return
107  }
```

```
108
109  for {
110   buf := make([]byte, 1024)
111   if debug_mode {
112    fmt.Println("call updLn.ReadFromUDP")
113   }
114   n, addr, err := updLn.ReadFromUDP(buf)
115   if debug_mode {
116    fmt.Println("read", n, err)
117   }
118   if err == nil {
119    go func() {
120     if debug_mode {
121      fmt.Println("recieve function")
122      fmt.Println(addr)
123      fmt.Println(string(buf))
124     }
125     cmd := int(buf[0])
126     if debug_mode {
127      fmt.Println(cmd)
128     }
129     msg := buf[1:n]
130     if cmd < len(p2p.actions) {
131      fmt.Println("Do Action")
132      f := p2p.actions[cmd]
133      if f != nil {
134       err := f(msg)
135       if err != nil {
136        fmt.Println(err)
137       }
138      }
139     } else {
140      fmt.Println("No Action")
141     }
142
143    }()
144   }
145  }
146 }
147
148 // P2Pネットワーク管理構造体
149 type P2PNetwork struct {
150  nodes[] *Node
151  actions []act_fn
152 }
153
154 // P2Pネットワークにサーバを追加
155 func (p2p *P2PNetwork) Add(node *Node) (int, error) {
156
157  fmt.Println("P2PNetwork.Add")
158
159  fmt.Println("add node:", node)
160
161  // 他のサーバにも追加リクエストを飛ばす
```

```
162  bytes, _ := json.Marshal(node)
163  p2p.Broadcast(CMD_ADDSRV, bytes, false)
164
165  // 通信準備
166  node.connect()
167
168  // 追加されたサーバに他のサーバ情報を送る
169  for _, n := range p2p.nodes {
170   b, _ := json.Marshal(n)
171   s_msg := append([]byte{byte(CMD_ADDSRV)}, b...)
172   node.Send(s_msg)
173   time.Sleep(1 * time.Second / 2)
174  }
175
176  // サーバリストに追加
177  p2p.nodes = append(p2p.nodes, node)
178
179  return 0, nil
180 }
181
182 // サーバ情報の検索
183 func (p2p *P2PNetwork) Search(host string, p2p_port uint16) *Node {
184
185  fmt.Println("Search:", host, p2p_port)
186
187  for _, node := range p2p.nodes {
188   if node.Host == host && node.P2PPort == p2p_port {
189    return node
190   }
191  }
192
193  return nil
194 }
195
196 // P2Pネットワークに接続しているサーバ一覧を取得
197 func (p2p *P2PNetwork) List() []*Node {
198  for _, node := range p2p.nodes {
199   fmt.Println(node)
200  }
201  return p2p.nodes
202 }
203
204 // P2Pネットワークに接続しているサーバにメッセージ送信
205 func (p2p *P2PNetwork) Broadcast(cmd int, msg []byte, self bool) {
206
207  fmt.Println("Broadcast:", cmd, string(msg))
208  /*
209  メッセージ送信時は, cmd + msg で送る.
210  cmd は 1バイトとする.
211  */
212  s_msg := append([]byte{byte(cmd)}, msg...)
213  if debug_mode {
214   fmt.Println(s_msg)
215  }
```

```
216
217  for _, node := range p2p.nodes {
218   if debug_mode {
219    fmt.Println(node)
220   }
221   if self == false && node.Self {
222    fmt.Println("not send")
223    continue
224   } else {
225    if err := node.Send(s_msg); err != nil {
226     fmt.Println("send error:", node, err)
227    }
228   }
229   time.Sleep(1 * time.Second / 2)
230  }
231 }
232
233 // メッセージをいずれかのサーバに送信
234 func (p2p *P2PNetwork) SendOne(cmd int, msg []byte) {
235  fmt.Println("SendOne:", cmd, string(msg))
236
237  s_msg := append([]byte{byte(cmd)}, msg...)
238  if debug_mode {
239   fmt.Println(s_msg)
240  }
241
242  for _, node := range p2p.nodes {
243   if debug_mode {
244    fmt.Println(node)
245   }
246   if node.Self {
247    fmt.Println("not send")
248    continue
249   } else {
250    err := node.Send(s_msg)
251    if err == nil {
252     break
253    }
254   }
255   time.Sleep(1 * time.Second / 2)
256  }
257 }
258
259 // アクションとアクション・ハンドラの紐付け登録
260 func (p2p *P2PNetwork) SetAction
                                 (cmd int, handler act_fn) *act_fn {
261
262  fn := p2p.actions[cmd]
263  p2p.actions[cmd] = handler
264  return &fn
265 }
266
267 // P2P ネットワークの初期化処理
268 func (p2p *P2PNetwork) Init(host string, api_port
```

```
                        uint16, p2p_port uint16) (*P2PNetwork, error) {
269
270  fmt.Println("P2P_init")
271  p2p.nodes = make([]*Node, 0)
272  p2p.actions = make([]act_fn, 20)
273
274  // 自ノードの管理構造を初期化
275  node := new(Node)
276  node.Host = host
277  node.ApiPort = api_port
278  node.P2PPort = p2p_port
279  node.Self = true
280
281  // 自ノードの通信路開設
282  node.connect()
283
284  // サーバリストに自ノードを追加
285  p2p.nodes = append(p2p.nodes, node)
286
287  // サーバ初期化
288  go p2p.p2p_srv(host, p2p_port)
289
290  if debug_mode {
291   fmt.Println(p2p)
292  }
293
294  return p2p, nil
295 }
296
297 // サーバ追加アクション
298 func (p2p *P2PNetwork) AddSrv(msg []byte) error {
299  fmt.Println("add server action")
300
301  node := new(Node)
302
303  if debug_mode {
304   fmt.Println(msg)
305   fmt.Println(string(msg))
306  }
307
308  err := json.Unmarshal(msg, node)
309  if err != nil {
310   fmt.Println("json.Unmarshal failed")
311   return err
312  }
313  fmt.Println("node:", node)
314
315  /*
316  サーバリストに追加して，通信路を接続する．
317  追加するとき，Selfはfalseにすること
318  */
319  node.Self = false
320  node.connect()
321  p2p.nodes = append(p2p.nodes, node)
```

```
322
323   return nil
324 }
325
```

```
 1 /*
 2    My Block Chain: Block & Block Chain Management module
 3 */
 4 package Block
 5
 6 import (
 7   "bytes"
 8   "crypto/sha256"
 9   "encoding/binary"
10   "encoding/json"
11   "errors"
12   "fmt"
13   "math/rand"
14   "strconv"
15   "strings"
16   "sync"
17   "time"
18
19   "../P2P"
20 )
21
22 const (
23   ORPHAN_DELTA  = 300
24   MAX_POW_COUNT = 60
25   DIFFICULTY = "00"
26   debug_mode = false
27 )
28
29 // ブロックの定義
30 type Block struct {
31   Hight   int`json:"hight"`
32   Prevstring`json:"prev"`
33   Hashstring`json:"hash"`
34   Nonce   string`json:"nonce"`
35   PowCount  int`json:"powcount"`
36   Datastring`json:"data"`
37   Timestamp int64 `json:"timestamp"`
38   Child   []*Block // このブロックの子ブロックが入る
                       分岐が解消されるまではここに以降のブロックが入る
39   Sibling[]*Block // 同じ親を持つブロック. 兄弟ブロックで,
                                 この中の1つのみが最終的に残る
40 }
41
42 // ブロックチェーン管理構造体
43 type BlockChain struct {
44   Info   string
45   p2p*P2P.P2PNetwork
46   initialized bool
47   miningbool
48   blocks[]*Block
49   last_block  int
50   fix_blockint
51   orphan_blocks  []*Block
52   invalid_blocks []*Block
```

リスト3 ブロックチェーン部のプログラム

第3部 第1章 リスト3

```
53   retry_blocks[]*Block
54   mu sync.Mutex
55 }
56
57
58 // Hash計算
59 func (b *Block) calcHash() string {
60   return fmt.Sprintf("%x", sha256.Sum256([]byte
                       (fmt.Sprintf("%d%d%s%s%s", b.Hight, b.Prev,
                        b.Nonce, b.PowCount, b.Data, b.Timestamp))))
61 }
62
63 // Hash計算してブロックに設定
64 func (b *Block) hash() string {
65   b.Hash = b.calcHash()
66   return b.Hash
67 }
68
69 // ブロック検証
70 func (b *Block) isValid() bool {
71
72   if debug_mode {
73     fmt.Println("Hash = ", b.Hash)
74     fmt.Println("cal Hash = ", b.calcHash())
75   }
76
77   if b.Hash != b.calcHash() {
78     return false
79   }
80   return true
81 }
82
83 // マイニング中か判断
84 func (bc *BlockChain) IsMining() bool {
85   return bc.mining
86 }
87
88 // ブロックチェーン管理構造の初期化
89 func (bc *BlockChain) Init(p2p *P2P.P2PNetwork,
                             first bool) (*BlockChain, error) {
90   fmt.Println("Block_init")
91   bc.blocks = make([]*Block, 0)
92   bc.orphan_blocks = make([]*Block, 0)
93   bc.invalid_blocks = make([]*Block, 0)
94   bc.retry_blocks = make([]*Block, 0)
95   bc.p2p = p2p
96   bc.initialized = false
97   bc.mining = false
98   bc.Info = "My Block Chain Ver0.1"
99
100  if first {
101    // genesisブロック
102    genesis_block := new(Block)
103    genesis_block.Timestamp = 0
```

```
104    genesis_block.Hight = 0
105    genesis_block.Data = "Genesis Block"
106    genesis_block.hash()
107    bc.blocks = append(bc.blocks, genesis_block)
108   }
109
110   return bc, nil
111 }
112
113 // ブロックチェーンの同期
114 func (bc *BlockChain) SyncBlockChain(hight int) error {
115   /* 隙間のブロックを要求 */
116   bc.RequestBlock(hight)
117   time.Sleep(1 * time.Second)
118   bc.initialized = true
119   return nil
120 }
121
122 // 初期化完了し動作可能とする
123 func (bc *BlockChain) Initialized() error {
124   bc.initialized = true
125   return nil
126 }
127
128 // 初期化完了し動作可能な状態か確認
129 func (bc *BlockChain) IsInitialized() bool {
130   return bc.initialized
131 }
132
133 // ブロック作成（マイニング）
134 func (bc *BlockChain) Create(data string,
                              pow bool, primary bool) (*Block, error) {
135
136   if debug_mode {
137     fmt.Println("Create:", data)
138   }
139
140   block := new(Block)
141   block.Child = make([]*Block, 0)
142   block.Sibling = make([]*Block, 0)
143
144   // 競合，フォークを解消するために，一番長いチェーンの後につなげるようにする
145   last_block := bc.getPrevBlock()
146
147   // ブロックの中身を詰める
148   block.Prev = last_block.Hash
149   block.Timestamp = time.Now().UnixNano()
150   block.Data = data
151   block.Hight = last_block.Hight + 1
152
153   // PoW
154   if pow {
155     /*
156     Nonceを変えながら，条件を満たすハッシュを計算するループを回す．
```

241

第3部 第1章 リスト3

```go
157    実験では，あまり終わらないと大変なので，
                                60回 (60秒 ) やってだめなら，とりえず進むことにする
158    */
159    for i := 0; i < MAX_POW_COUNT; i++ {
160     block.Nonce = fmt.Sprintf("%x", rand.New
                            (rand.NewSource(block.Timestamp/int64(i+1))))
161     block.PowCount = i
162     block.hash()
163     if debug_mode {
164      fmt.Println("Try ", i, block)
165     } else {
166      fmt.Println("Try ", i, block.Hash)
167     }
168     // 求めたハッシュが条件を満たすか確認する
169     if strings.HasPrefix(block.Hash, DIFFICULTY) {
170      fmt.Println("Found!!")
171      break
172     }
173     time.Sleep(1 * time.Second)
174    }
175    if primary == false && !strings.HasPrefix
                                (block.Hash, DIFFICULTY) {
176     return nil, errors.New("Failed to Mine.")
177    }
178   } else {
179    block.hash()
180   }
181
182   return block, nil
183 }
184
185 // チェーンの親ブロックを見つける
186 func (bc *BlockChain) getPrevBlock() *Block {
187
188   // 一番長いチェーンから親を決める
189   // ロック
190   bc.mu.Lock()
191
192   last_block := bc.blocks[len(bc.blocks)-1]
193
194   block := last_block
195   if len(last_block.Sibling) > 0 {
196    for _, b := range last_block.Sibling {
197     if len(block.Child) < len(b.Child) {
198      block = b
199     }
200    }
201   }
202
203   // アンロック
204   bc.mu.Unlock()
205
206   return block
207 }
```

242

```
208
209  // ブロックチェーンの整合性確認
210  func (bc *BlockChain) Check(data []byte) error {
211   fmt.Println("Checking My Block Chain...")
212   bc.mu.Lock()
213   prev := bc.blocks[0]
214   for i := 1; i < len(bc.blocks); i++ {
215    fmt.Println(".")
216    if prev.calcHash() != bc.blocks[i].Prev {
217     fmt.Println("Invalid Block Found!")
218     fmt.Println(prev)
219     bc.invalid_blocks = append(bc.invalid_blocks, prev)
220    }
221    prev = bc.blocks[i]
222   }
223   bc.mu.Unlock()
224   fmt.Println("... Done")
225
226   return nil
227  }
228
229
230  // ブロックをチェーンにつなぐ
231  func (bc *BlockChain) blockAppendSimple(block *Block) error {
232   if debug_mode {
233    fmt.Println("blockAppendSimple:", block)
234   }
235   // チェーンの最後
236   last_block := bc.blocks[len(bc.blocks)-1]
237   // Blockの親がblocksの最後か？
238   if block.Prev == last_block.Hash {
239    // つなぐ
240    bc.blocks = append(bc.blocks, block)
241   } else if last_block.Prev == block.Prev {
242    if last_block.Timestamp > block.Timestamp {
243     // 入れ替え＆last_block解放
244     bc.blocks[len(bc.blocks)-1] = block
245     fmt.Println("Purge Block:", last_block)
246    }
247   } else if block.Hight > last_block.Hight {
248    // 親がいなければorphanにつなぐ
249    bc.orphan_blocks = append(bc.orphan_blocks, block)
250
251    // 隙間があったら，間のブロックの送信を依頼
252    for i := last_block.Hight + 1; i < block.Hight; i++ {
253     /* 隙間のブロックを要求 */
254     bc.RequestBlock(i)
255     time.Sleep(1 * time.Second / 2)
256    }
257   } else {
258    // それ以外がチェーンにつなげないので破棄
259    fmt.Println("Purge Block:", block)
260   }
261
```

```
262   return nil
263
264 }
265
266 // ブロックをつなぐ
267 func (bc *BlockChain) AddBlock(block *Block) error {
268
269   if debug_mode {
270     fmt.Println("AddBlock:", block)
271   }
272
273   // ロック
274   bc.mu.Lock()
275
276   // ブロックをチェーンにつなぐ
277   err := bc.blockAppendSimple(block)
278   if err != nil {
279     // アンロック
280     bc.mu.Unlock()
281     return err
282   }
283
284   // orphan_blocksにつながっているものの親がつながったか確認する
285   last_block := bc.blocks[len(bc.blocks)-1]
286   for i, b := range bc.orphan_blocks {
287     if b.Prev == last_block.Hash {
288       if debug_mode {
289         fmt.Println("retry")
290         fmt.Println("list block before")
291         bc.DumpChain()
292       }
293
294       // orphan_blocksから外す
295       bc.orphan_blocks = append(bc.orphan_blocks
                                   [:i], bc.orphan_blocks[i+1:]...)
296
297       // ブロックをチェーンにつなぐ
298       bc.blockAppendSimple(b)
299       if debug_mode {
300         fmt.Println(b)
301         fmt.Println("list block after")
302         bc.DumpChain()
303       }
304     }
305   }
306
307   // アンロック
308   bc.mu.Unlock()
309
310   return nil
311 }
312
313 // ブロックを要求
314 func (bc *BlockChain) RequestBlock(id int) error {
```

```go
315  fmt.Println("RequestBlock:", id)
316  bid := make([]byte, 4)
317  binary.LittleEndian.PutUint32(bid, uint32(id))
318  node := []byte(bc.p2p.Self())
319  s_msg := append(bid, node...)
320  fmt.Println(s_msg)
321  bc.p2p.SendOne(P2P.CMD_SENDBLOCK, s_msg)
322  return nil
323  }
324
325  // ハッシュ指定でブロックを取得
326  func (bc *BlockChain) GetBlock(hash string) *Block {
327  fmt.Println("GetBlock:", hash)
328  bc.mu.Lock()
329  for _, b := range bc.blocks {
330   fmt.Println(b)
331   if b.Hash == hash {
332    bc.mu.Unlock()
333    fmt.Println("GetBlock: Found", b)
334    return b
335   }
336  }
337  bc.mu.Unlock()
338  return nil
339  }
340
341  // インデックス指定でブロックを取得
342  func (bc *BlockChain) GetBlockByIndex(index int) *Block {
343  fmt.Println("GetBlockByIndex:", index)
344  bc.mu.Lock()
345  if len(bc.blocks) > index {
346   b := bc.blocks[index]
347   bc.mu.Unlock()
348   fmt.Println("GetBlockByIndex: Found", b)
349   return b
350  }
351  bc.mu.Unlock()
352  return nil
353  }
354
355  // データ指定でブロックを取得
356  func (bc *BlockChain) GetBlockByData(data []byte) *Block {
357  bc.mu.Lock()
358  for _, b := range bc.blocks {
359   if b.Data == string(data) {
360    bc.mu.Unlock()
361    fmt.Println("GetBlockByData: Found", b)
362    return b
363   }
364  }
365  bc.mu.Unlock()
366  return nil
367  }
368
```

```go
369  // ブロック一覧を取得
370  func (bc *BlockChain) ListBlock() []*Block {
371    fmt.Println("ListBlock:")
372    fmt.Println("  blocks->")
373    bc.mu.Lock()
374    for _, b := range bc.blocks {
375      fmt.Println("  ", b)
376    }
377    fmt.Println("  orphan_blocks->")
378    for _, b := range bc.orphan_blocks {
379      fmt.Println("  ", b)
380    }
381    fmt.Println("----------")
382    bc.mu.Unlock()
383    return bc.blocks
384  }
385
386  /***** デバッグ用 *******/
387  func (bc *BlockChain) DumpChain() {
388    fmt.Println("----------------")
389    fmt.Println("Info => ", bc.Info)
390
391    fmt.Println("ListBlock:")
392    fmt.Println("  blocks->")
393    for _, b := range bc.blocks {
394      //fmt.Println("  ", b)
395      fmt.Println("  ", b.Data)
396    }
397    fmt.Println("  orphan_blocks->")
398    for _, b := range bc.orphan_blocks {
399      //fmt.Println("  ", b)
400      fmt.Println("  ", b.Data)
401    }
402    fmt.Println("----------------")
403    return
404  }
405
406  /************************/
407
408  // 新しいブロックの承認&追加アクション
409  func (bc *BlockChain) NewBlock(msg []byte) error {
410    fmt.Println("new block action")
411    //  fmt.Println(msg)
412    //  fmt.Println(string(msg))
413
414    // ブロックを取り出す
415    block := new(Block)
416    err := json.Unmarshal(msg, block)
417    if err != nil {
418      fmt.Println("Invalid Block.", err)
419      return errors.New("Invalid Block.")
420    }
421    if debug_mode {fmt.Println("block = ", block)}
422
```

```
423  // Check
424  if block.isValid() == false {
425   /* 不正なブロックなのでつながない */
426   return errors.New("Invalid Block: ID=" +
                            strconv.FormatInt(int64(block.Hight), 10))
427  }
428
429  // チェーンにつなぐ
430  bc.AddBlock(block)
431
432  return nil
433  }
434
435  // ブロック送信のアクション
436  func (bc *BlockChain) SendBlock(msg []byte) error {
437   fmt.Println("send block action")
438
439   if debug_mode {
440    fmt.Println(msg)
441   }
442
443   // メッセージ解析
444   var block_id uint32
445   buf := bytes.NewReader(msg)
446   err := binary.Read(buf, binary.LittleEndian, &block_id)
447   fmt.Println(err)
448   target := string(msg[4:])
449   fmt.Println(block_id, target)
450
451   // ブロック取得
452   block := bc.GetBlockByIndex(int(block_id))
453   if block == nil {
454    fmt.Println("Invalid Block ID")
455    return errors.New("Invalid Block ID:" +
                            strconv.FormatInt(int64(block_id), 10))
456   }
457
458   // 送信先を特定
459   srv := strings.Split(target, ":")
460   port, _ := strconv.Atoi(srv[1])
461   node := bc.p2p.Search(srv[0], uint16(port))
462   if node == nil {
463    fmt.Println("Node NOT Found:" + target)
464    return errors.New("Node NOT Found:" + target)
465   }
466
467   // ブロック送信
468   b, _ := json.Marshal(block)
469
470   if debug_mode {
471    fmt.Println("block = ", block)
472    fmt.Println("b = ", b)
473   }
474
```

```
475  // 新しいブロックを要求元サーバに送る
476  s_msg := append([]byte{byte(P2P.CMD_NEWBLOCK)}, b...)
477  node.Send(s_msg)
478
479  return nil
480 }
481
482 // マイニング処理
483 func (bc *BlockChain) miningBlock
                                    (data []byte, primary bool) error {
484  if debug_mode {
485   fmt.Println("MiningBlock:", data)
486  }
487
488  bc.mu.Lock()
489  if bc.initialized == false {
490   bc.mu.Unlock()
491   fmt.Println("Could not start mining.")
492   return errors.New("Could not start mining.")
493  }
494  if bc.mining {
495   bc.mu.Unlock()
496   fmt.Println("Someone Mining.")
497   return errors.New("Someone Mining.")
498  }
499  bc.mining = true
500  bc.mu.Unlock()
501
502  // ブロックに記録するデータ取り出し
503  d := data
504
505  // マイニング
506  block, err := bc.Create(string(d), true, primary)
507  if err == nil {
508   b, _ := json.Marshal(block)
509   if debug_mode {
510    fmt.Println(b)
511   }
512   // 全ノードに保存要求を送る
513   bc.p2p.Broadcast(P2P.CMD_NEWBLOCK, b, true)
514  }
515
516  bc.mu.Lock()
517  bc.mining = false
518  bc.mu.Unlock()
519  return err
520 }
521
522 // マイニング・アクション
523 func (bc *BlockChain) MiningBlock(data []byte) error {
524  return bc.miningBlock(data, false)
525 }
526
527 // データ保存リクエスト
```

```
528 func (bc *BlockChain) SaveData(data []byte) error {
529
530   fmt.Println("SaveData:", data)
531
532   // 全ノードにマイニング要求を送る
533   bc.p2p.Broadcast(P2P.CMD_MININGBLOCK, data, false)
534
535   // 自身のマイニング
536   go bc.miningBlock(data, true)
537
538   return nil
539 }
540
541 // データ書き換えアクション
542 func (bc *BlockChain) ModifyData(msg []byte) error {
543
544   fmt.Println("ModifyData:", msg)
545
546   // get hight
547   var hight uint32
548   buf := bytes.NewReader(msg)
549   err := binary.Read(buf, binary.LittleEndian, &hight)
550   if err != nil {
551     return errors.New("Invalid request.")
552   }
553
554   // get data
555   data := string(msg[4:])
556   if debug_mode {
557     fmt.Println(data)
558   }
559
560   block := new(Block)
561   target := bc.GetBlockByIndex(int(hight))
562   if target == nil {
563     return errors.New("No target Block: ID=" +
                                   strconv.FormatInt(int64(hight), 10))
564   }
565
566   // ブロックの内容をコピー
567   *block = *target
568
569   // 無理やりデータを変更＆チェック
570   block.Data = data
571   fmt.Println(block)
572   if block.isValid() == false {
573   // 不正なブロックなので，書き換えをやめる
574     fmt.Println("Invalid Block!:", block)
575     return errors.New("Invalid Block: ID=" +
                                   strconv.FormatInt(int64(block.Hight), 10))
576   } else {
577     // データを書き換え
578     *target = *block
579     // 一応全体チェックをかける
```

```
580    d := make([]byte, 4)
581    bc.Check(d)
582  }
583
584  return nil
585 }
586
587 // データ書き換えリクエスト
588 func (bc *BlockChain) Modify(hight int, data string) error {
589
590    fmt.Println("Modify:", hight, data)
591
592    // メッセージ組み立て
593    idx := make([]byte, 4)
594    binary.LittleEndian.PutUint32(idx, uint32(hight))
595    s_msg := append(idx, data...)
596    fmt.Println("s_msg = ", s_msg)
597
598    // 全ノードにデータ書き換え要求を送る
599    bc.p2p.Broadcast(P2P.CMD_MODIFYDATA, s_msg, true)
600
601    return nil
602 }
```

```python
 1 #!/usr/bin/env python
 2 # -*- coding: utf-8 -*-
 3
 4 import requests
 5 import time
 6 import datetime
 7 import subprocess
 8 import json
 9 import subprocess
10 from subprocess import Popen
11
12
13 # Myブロックチェーン API
14 api_host = "192.168.11.101"
15 api_port = "3000"
16 url = "http://"+api_host+":"+api_port
17
18 # 処理間隔
19 interval = 60
20
21 # 10分前の時間を計算するための値
22 m10 = datetime.timedelta(minutes=10)
23
24 # 条件の設定
25 temperature_to_start = 29
26 humidity_to_start = 55
27 temperature_to_stop = 26
28 humidity_to_stop = 50
29
30
31 # コマンド実行関数
32 def do_command(cmd):
33  try:
34   p = Popen(cmd, shell=True)
35   return p.wait()
36  except Exception, e:
37   print "do_command(%s) failed:%s" % (cmd, e)
38   return 1
39
40
41 # ファンを回す
42 def start_fan():
43  print "Start FAN"
44  return do_command("/home/pi/CQ/FAN/hub-ctrl -b 1 -d 2 -P 2 -p 1")
45
46
47 # ファンを止める
48 def stop_fan():
49  print "Stop FAN"
50  return do_command("/home/pi/CQ/FAN/hub-ctrl -b 1 -d 2 -P 2 -p 0")
51
52
53 # Myブロックチェーンのブロックからデータを取得する
54 def get_block(id):
```

リスト10 端末1に接続したセンサ・データを元に端末1〜端末3に接続したUSB扇風機を動かすプログラム`fan.py`

```
55   data = None
56   try:
57     # ブロックを取得
58     resp = requests.get(url+"/block/" + str(id))
59
60     # 正常終了?
61     if resp.status_code == 200:
62       # dataを取得
63       cont = resp.json()['data']
64
65       # オブジェクトに変換
66       try:
67         data = json.loads(cont)
68       except:
69         data = []
70   except Exception, e:
71     print e
72
73   return data
74
75
76 # ファンの操作を記録する
77 def save_log(msg):
78   savedata = {"data":msg}
79   out = json.JSONEncoder().encode(savedata)
80   resp = requests.post(url+"/block/", data=out,
                          headers={'content-type': 'application/json'})
81
82
83 # メインループ
84 fan_is_active = False
85 cur_block = 1
86 while True:
87   # ブロック取得
88   block = get_block(cur_block)
89
90   # ブロックが取得できたら中を見る
91   if block is not None:
92     if len(block) > 0:
93       # 全部ではなく最後のデータだけ見る
94       b = block[len(block)-1]
95
96       # 現在時
97       now = now = datetime.datetime.now()
98
99       # データ取得日時
100      t = datetime.datetime.strptime(b['time'], "%Y-%m-%dT%H:%M:%S.%f")
101
102      # 10分以上前のデータは無視
103      if now - m10 < t:
104        temperature = b['temperature']
105        humidity = b['humidity']
106        print "check condition:%d,%d" % (temperature, humidity)
107        if fan_is_active == True:
```

```
108        #  動作中なら停止条件を確認
109        if temperature_to_stop > temperature or
                                    humidity_to_stop > humidity:
110         if stop_fan() == 0:
111          save_log("stop FAN at " + now.isoformat())
112                                    fan_is_active = False
113      else:
114        #  動作中でなければ開始条件を確認
115        if temperature_to_start < temperature or
                                    humidity_to_start < humidity:
116         if start_fan() == 0:
117          save_log("start FAN at " + now.isoformat())
118                                    fan_is_active = True
119
120    cur_block = cur_block + 1
121  else:
122    #  ブロックが取得できなければ少し待つ
123    time.sleep(interval)
124
```

```go
  :
33  var (
34    DISK_IO = false
35  )
36

  :
50  // ブロックチェーン管理構造体
51  type BlockChain struct {
52    Info            string
53    p2p             *P2P.P2PNetwork
54    initialized     bool
55    mining          bool
56    blocks          []*Block
57    last_block      int
58    fix_block       int
59    orphan_blocks   []*Block
60    invalid_blocks  []*Block
61    retry_blocks    []*Block
62    mu              sync.Mutex
63    datadir         string
64  }
65

  :
96  // ブロック保存
97  func (b *Block) save(datadir string) error {
98    // ファイル名
99    file_name := filepath.Join(datadir, strconv.Itoa(b.Hight))
100
101   // JSON形式で保存
102   out, err := json.Marshal(b)
103   if err != nil {
104     fmt.Println("Block Marshal error: ", err)
105     return err
106   }
107   err = ioutil.WriteFile(file_name, out, 0644)
108   if err != nil {
109     fmt.Println("File write error: ", err)
110     return nil
111   }
112
113   return nil
114 }
115
116 // ブロック読み込み
117 func (b *BlockChain) loadBlock(datadir string, name string) *Block {
118   // ファイル名
119   file_name := filepath.Join(datadir, name)
120
121   // JSONファイル読み込み
122   file, err := ioutil.ReadFile(file_name)
123   if err != nil {
124     fmt.Println("File read error: ", err)
125     return nil
126   }
```

リスト1 block.goの変更箇所

```
127
128     // ブロック化する
129     block := new(Block)
130     err = json.Unmarshal(file, block)
131     if err != nil {
132       fmt.Println("File Unmarshal error: ", err)
133       return nil
134     }
135
136     // ハッシュチェックする
137     if block.isValid() {
138       return block
139     } else {
140       // ハッシュ値が不正なので破棄
141       return nil
142     }
143   }
144
145   // ディレクトリ作成
146   func (bc *BlockChain) createDataDir(do_init bool) error {
147     datadir := bc.datadir
148     // 存在確認
149     _, err := os.Stat(datadir)
150     if !os.IsNotExist(err) {
151       // 存在する
152       if !do_init {
153         return nil
154       }
155       // 初期化モードの時にはディレクトリを消して再作成
156       err = os.RemoveAll(datadir)
157       if err != nil {
158         fmt.Println("Could not remove: " + datadir)
159         return err
160       }
161     }
162     // 存在しない、または、初期化モードの場合は作成
163     err = os.MkdirAll(datadir, 0775)
164     return err
165   }
166
167   // ディスクからブロックを読み込み、チェーンを復元
168   func (bc *BlockChain) loadChain() error {
169     fmt.Println("loadChain: start")
170     datadir := bc.datadir
171     /*
172       ブロックはHightをファイル名にして保存されている
173       ブロックを読んでチェーンにつなぐを繰り返す
174     */
175     // ファイル一覧作成
176     d, err := os.Open(datadir)
177     if err != nil {
178       fmt.Println("open datadir failed:", datadir, err)
179       return err
180     }
```

```
181    list, err := d.Readdirnames(-1)
182    if err != nil {
183      fmt.Println("Read datadir failed:", datadir, err)
184      return err
185    }
186    if debug_mode { fmt.Println(list) }
187    // ファイル名を数値の昇順ソート
188    sort.Slice(list, func(i, j int) bool { a, _ := strconv.
       Atoi(list[i]); b, _ := strconv.Atoi(list[j]); return a < b })
189    if debug_mode { fmt.Println(list) }
190
191    // 一覧を処理
192    for _, f := range list {
193      // ブロック読み込み
194      block := bc.loadBlock(datadir, f)
195      if debug_mode { fmt.Println("block = ", block) }
196      // チェーンにつなぐ
197      if block != nil {
198        bc.blockAppendSimple(block, true)
199      }
200    }
201
202    fmt.Println("loadChain: finish")
203    return nil
204  }
205
206  // ブロックチェーン管理構造の初期化
207  func (bc *BlockChain) Init(p2p *P2P.P2PNetwork, first bool,
     datadir string) (*BlockChain, error) {
208    fmt.Println("Block_init")
209    bc.blocks = make([]*Block, 0)
210    bc.orphan_blocks = make([]*Block, 0)
211    bc.invalid_blocks = make([]*Block, 0)
212    bc.retry_blocks = make([]*Block, 0)
213    bc.p2p = p2p
214    bc.initialized = false
215    bc.mining = false
216    bc.Info = "My Block Chain Ver0.1"
217    bc.datadir = datadir
218
219    if first {
220      // genesisブロック
221      genesis_block := new(Block)
222      genesis_block.Timestamp = 0
223      genesis_block.Hight = 0
224      genesis_block.Data = "Genesis Block"
225      genesis_block.hash()
226      bc.blocks = append(bc.blocks, genesis_block)
227    }
228
229    // datadirの指定があったら、ブロックのロード＆保存を行う。
230    if datadir == "" {
231      fmt.Println("MEMORY mode")
232      DISK_IO = false
```

```
233    } else {
234      fmt.Println("MEMORY & DISK mode")
235      DISK_IO = true
236      // 必要があればディレクトリを作成する
237      bc.createDataDir(false)
238
239      // genesisブロック以外を読み込む
240      bc.loadChain()
241    }
242
243    return bc, nil
244  }
       ┆
362  // ブロックをチェーンにつなぐ
363  func (bc *BlockChain) blockAppendSimple(block *Block, init bool) error {
364    datadir := bc.datadir
365    if debug_mode {
366      fmt.Println("blockAppendSimple:", block)
367    }
368    // チェーンの最後
369    last_block := bc.blocks[len(bc.blocks)-1]
370    // Blockの親がblocksの最後か?
371    if block.Prev == last_block.Hash {
372      // つなぐ
373      bc.blocks = append(bc.blocks, block)
374
375      // DISK IOを行うモードの場合、ブロックを保存
376      if !init && DISK_IO {
377        block.save(datadir)
378      }
379
380    } else if last_block.Prev == block.Prev {
381      if last_block.Timestamp > block.Timestamp {
382        // 入れ替え&last_block解放
383        bc.blocks[len(bc.blocks)-1] = block
384        fmt.Println("Purge Block:", last_block)
385        // :DISK IOを行うモードの場合、ブロックを保存
386        if !init && DISK_IO {
387          block.save(datadir)
388        }
389      }
390    } else if block.Hight > last_block.Hight {
391      // 親がいなければorphanにつなぐ
392      bc.orphan_blocks = append(bc.orphan_blocks, block)
393
394      // 隙間があったら、間のブロックの送信を依頼
395      for i := last_block.Hight + 1; i < block.Hight; i++ {
396        /* 隙間のブロックを要求 */
397        bc.RequestBlock(i)
398        time.Sleep(1 * time.Second / 2)
399      }
400    } else {
401      // それ以外がチェーンに繋げないので破棄
402      fmt.Println("Purge Block:", block)
```

```
403      }
404
405      return nil
406
407  }
     :
409  // ブロックをつなぐ
410  func (bc *BlockChain) AddBlock(block *Block) error {
411
412      if debug_mode {
413        fmt.Println("AddBlock:", block)
414      }
415
416      // ロック
417      bc.mu.Lock()
418
419      // ブロックをチェーンにつなぐ
420      err := bc.blockAppendSimple(block, false)
421      if err != nil {
422        // アンロック
423        bc.mu.Unlock()
424        return err
425      }
426
427      // orphan_blocksに繋がっているものの親が繋がったか確認する
428      last_block := bc.blocks[len(bc.blocks)-1]
429      for i, b := range bc.orphan_blocks {
430        if b.Prev == last_block.Hash {
431          if debug_mode {
432            fmt.Println("retry")
433            fmt.Println("list block before")
434            bc.DumpChain()
435          }
436
437          // orphan_blocksから外す
438          bc.orphan_blocks = append(bc.orphan_blocks[:i], bc.orphan_
             blocks[i+1:]...)
439
440          // ブロックをチェーンにつなぐ
441          bc.blockAppendSimple(b, false)
442          if debug_mode {
443            fmt.Println(b)
444            fmt.Println("list block after")
445            bc.DumpChain()
446          }
447        }
448      }
449
450      // アンロック
451      bc.mu.Unlock()
452
453      return nil
454  }
     :
```

索　引

著者略歴

佐藤 聖(さとう せい)
1972年，北海道帯広生まれ．幼稚園のころにApple II/MZ-80Kに触れ，小学生からFM-7/MSXでBASIC言語プログラミングを始める．その後，Macintosh Color Classic/PowerBook 145BでC/C＋＋言語プログラミング に取り組み，大学では情報経営学，応用物理学などを学ぶ．1997年より株式会社インフォメーション・ディベロプメントに勤務．2015年に米国大学でデータサイエンスを学び，現在は画像解析やAI関連の研究に従事．

小暮 淳(こぐれ じゅん)
1987年：東京大学大学院理学系研究科数学専攻修士課程修了．富士通(株)入社．UNIX OS開発に従事
1993年：日米欧共同プロジェクト(次世代UNIX開発)のため，アメリカ・ニュージャージー州に駐在
1998年：(株)富士通研究所異動．以来，暗号・情報セキュリティ・仮想通貨・数理アルゴリズムの研究開発に従事
2000年以来，CRYPTREC(電子政府推奨暗号評価プロジェクト)にて暗号評価・監視活動を継続．
ISO/IEC JTC1 SC27/WG2 (情報セキュリティー暗号とセキュリティメカニズム)，ISO TC307 (ブロックチェーンと電子分散台帳)にて標準化活動．
2003年以来，大学非常勤講師で教育活動．現在，中央大学兼任講師(理工学部数学科)，東京大学客員教授(大学院情報理工学系研究科)．博士(科学)．

おがわ てつお
1968年　岡山県生まれ
某SI企業にて新規事業企画を担当．ブロックチェーンが実現する信頼性と高可用性に興味を持ち，金融以外での利用方法を日夜模索中．顧客企業へのブロックチェーン活用相談や，お使いサービス・アプリ，満員電車対策アプリなど，さまざまな検証用アプリを開発している．

土屋 健(つちや つよし)
1969年：東京都生まれ
1992年：東海大学工学部卒業
卒業後システム開発部門に配属となりソフトウェアの開発に携わる．以来，ソフトウェアの開発に従事し，クラスタ・システム，クラウド・ストレージ，業務システム，モバイル・アプリなどの開発やクラウド環境での基盤構築などに幅広くかかわる．

CQ文庫シリーズ
マイニングや高セキュリティ通信を体験

ラズパイで作る ブロックチェーン暗号コンピュータ

2020年3月1日　初版発行　　©佐藤 聖/小暮 淳/おがわ てつお/土屋 健 2020

著　者	佐藤 聖/小暮 淳/おがわ てつお/土屋 健
発行人	寺前 裕司
発行所	CQ出版株式会社

東京都文京区千石4-29-14（〒112-8619）

電話	出版	03-5395-2123
	販売	03-5395-2141

編集担当　野村 英樹
イラスト　神崎 真理子/浅井 亮八
カバー・表紙　株式会社ナカヤデザイン
DTP　美研プリンティング株式会社
印刷・製本　三共グラフィック株式会社
乱丁・落丁本はお面倒でも小社宛お送りください．送料小社負担にてお取り替えいたします．
定価はカバーに表示してあります．
ISBN978-4-7898-5028-5

Printed in Japan